GUANQU KECHIXU FAZHAN GUANLI YANJIU

JIYU DAXING GUANQU SHUIYUAN JINGZHUN DIAODU MUBIAO SHIXIAN

灌区可持续发展管理研究

——基于大型灌区水源精准调度目标实现

牟汉书◎编著

河海大学出版社
HOHAI UNIVERSITY PRESS
·南京·

图书在版编目(CIP)数据

灌区可持续发展管理研究：基于大型灌区水源精准调度目标实现 / 牟汉书编著. -- 南京：河海大学出版社,2021.12

ISBN 978-7-5630-7419-8

Ⅰ.①灌… Ⅱ.①牟… Ⅲ.①灌区－可持续性发展－研究－中国 Ⅳ.①S274

中国版本图书馆 CIP 数据核字(2021)第 278702 号

书　　名	灌区可持续发展管理研究——基于大型灌区水源精准调度目标实现
书　　号	ISBN 978-7-5630-7419-8
责任编辑	杨　曦　沈　倩
特约编辑	蔡芳盈　倪美杰
特约校对	徐倩文
封面设计	徐娟娟
出版发行	河海大学出版社
地　　址	南京市西康路 1 号(邮编:210098)
电　　话	(025)83737852(总编室)
	(025)83722833(营销部)
经　　销	江苏省新华发行集团有限公司
排　　版	南京布克文化发展有限公司
印　　刷	苏州市古得堡数码印刷有限公司
开　　本	718 毫米×1000 毫米　1/16
印　　张	15.5
字　　数	280 千字
版　　次	2021 年 12 月第 1 版
印　　次	2021 年 12 月第 1 次印刷
定　　价	79.00 元

前言 Preface

我国是一个农业大国，灌区在我国历史和社会经济的发展进程中一直占有重要地位。随着新时期我国社会、经济和科技的迅速发展，生产力和生产关系得到了进一步改善和提升，对灌区的现代化管理提出了全新的要求，如何实现灌区可持续发展，也是当前从事相关研究工作的专家学者需要解答的课题。客观来讲，灌区可持续发展的目标应是建立良性循环的运行机制，并对运行机制的各个环节进行有效的管理。

本书上篇从灌区的基本构成要素着手，系统分析灌区可持续发展管理应该注重的环节，从理论和实践两个方面提供基础工作思路和经验做法，为灌区管理单位和工程技术人员提供了参考。具体来说，第一、二、三章根据灌区可持续发展要求，从灌区农业生产结构对水源需求入手，分析灌区可持续发展对灌溉水量的要求，并进行优化阐述，保证灌区经济健康稳定发展，这是灌区可持续发展的基础；第四、五章从灌区水源保障角度，阐述灌区可持续发展情况下，水利工程的建设与管理；第六章主要讲述了灌区的管理体系建立、管理制度制定，为灌区可持续发展管理提供制度保障；第七章以淮安市淮涟灌区为例，提供具体管理做法和案例。

灌区可持续发展关键在水。灌区可持续发展管理研究主要是对灌区水源高效利用、科学节水调配进行分析研究，形成实现灌区可持续发展目的之方案。下篇就是以淮安市淮涟灌区《大型灌区水源精准调度模式研究与应用》课题项目研究内容为基础，系统介绍了淮涟灌区水源精准调度的做法和成效。主要包括：采用调查分析、田间试验与理论分析相结合的方法，从作物需水主要影响因素入手，构建了水稻需水模型及灌溉预报模型；采用设计代表年法和水量平衡原理，推算了不同水平年、不同水文年型多种组合情景下，总干沿线各干渠水稻不同生长阶段灌溉用水计划及渠系配水方案；采用水文统计法与水文比拟法，分析了不同水文年型总干沿线水位变化过程，利用灌区信息化管理云平台，研究并提出了"基于动态轮灌（变流量、变历时）灌溉制度的实时调控"水源精准调度模式。淮涟灌区渠系配套完整，水源调度矛盾典型，具有平原型大型灌区基本特点和要素，该水源调度模式具有典型性和推广性，目前该课题项目已经获得江苏省优秀水资源成果奖，初步得到同行专家的肯定。

本书在撰写过程中，得到了扬州大学、河海大学、淮安市水利局、淮安市淮涟灌区管理所等单位有关领导、专家和学者的支持，为本书撰写提供许多有价值的指导意见和基础资料，在此表示衷心的感谢！特别感谢扬州大学周明耀、仇锦先老师给予课题上的理论指导！同时也感谢参考文献的诸多专家和学者给笔者许多思考与启迪。本书集结成册得到了江苏省水利科技项目《大型灌区水源精准调度模式研究与应用》（2017058）的资助，在此一并表示感谢！

由于作者水平有限，对于本书中存在的缺点和疏漏，恳请广大读者批评指正。

目录 Contents

上篇　灌区可持续发展管理基础知识

下篇 大型灌区水源精准调度模式研究与应用

上篇

灌区可持续发展管理基础知识

1　灌区可持续发展理论

1.1　灌区体系

1.1.1　灌区末级渠系的工程体系

1. 灌溉系统

灌溉系统是指从水源取水、通过渠道及其附属建筑物向农田供水、经由田间工程进行农田灌水的工程系统,灌溉系统由渠首工程,输、配水工程和田间灌溉工程三部分构成:①灌溉渠首工程有水库、提水泵站、有坝引水工程、无坝引水工程、水井等多种形式,用以适时、适量地引取灌溉水量。②输、配水工程包括渠道和渠系建筑物,其任务是把渠首引入的水量安全地输送、合理地分配到灌区的各个部分。按其职能和规模,一般把固定渠道分为干、支、斗、农四级,视灌区规模和地形情况可适当增减渠道的级数。渠系建筑物包括分水建筑物、量水建筑物、节制建筑物、衔接建筑物、交叉建筑物、排洪建筑物、泄水建筑物等。③田间灌溉工程指农渠以下的临时性毛渠、输水垄沟和田间灌水沟、畦田以及临时分水、量水建筑物等,用以向农田灌水,满足作物正常生长或改良土壤的需要。灌溉渠道系统和排水渠道系统是并存的,两者互相配合,协调运行,共同构成完整的灌区水利工程系统。

（1）灌溉渠道系统

① 灌溉渠系的组成

灌溉渠系总体上由各级灌溉渠道与退（泄）水渠道构成。依据使用寿命的不同,灌溉渠道可区分为固定渠道与临时渠道两种,其中前者是多年使用的永久性渠道,后者则是使用寿命小于一年的季节性渠道。依据控制面积大小和水量分配层次,灌溉渠道可以进行等级区分:大、中型灌区的固定渠道一般包括干渠、支渠、斗渠、农渠四级;地形复杂区域内的大型灌区,固定渠道的级数则要更多一些,比如干渠再分为总干渠、分干渠,支渠下设分支渠,斗渠下设分斗渠等;相反,小型灌区固定渠道的级数相对较少。农渠以下的小渠道是季节性的临时渠道。

② 干渠、支渠

由于地形条件的差异,干渠、支渠会呈现不同的分布形态,主要类型如下。

(ⅰ)山区和丘陵区灌区的干渠、支渠。这种类型的区域一般需要从河流上游引水灌溉,并且输水距离较长,一般渠道高程较高,比降平缓,渠线较长而且弯曲较多,深挖、高填渠段较多,沿渠交叉建筑物较多。渠道常和沿途的塘坝、水库相连,形成长藤结瓜式灌溉系统,可以增强水资源的调蓄利用能力,进而可以提高灌溉工程的利用率。

(ⅱ)平原区灌区的干渠、支渠。这类灌区干渠多沿等高线布置,支渠垂直等高线布置。

(ⅲ)圩垸区灌区的干渠、支渠。这类灌区的干渠多沿圩堤布置,灌溉渠系常常只有干、支两级。

③ 斗渠、农渠

斗渠、农渠是与农业生产直接关联的渠系,规划建设时除了要满足渠系规划的一般原则,还要求满足以下条件。

(ⅰ)与农业生产管理及机械耕作要求相适应。

(ⅱ)方便配水、灌水,提升灌溉工作效率。

(ⅲ)促进灌水和耕作的紧密结合。

(ⅳ)使土地平整的工程量减少。

④ 渠系建筑物

渠系上的建筑物根据功能的不同主要有引水建筑物、配水建筑物、交叉建筑物、衔接建筑物、泄水建筑物以及量水建筑物等几种类型。本节仅对与本书的讨论密切相关的配水、量水建筑物进行介绍。

(ⅰ)配水建筑物主要包括分水闸和节制闸。

分水闸。分水闸建在上级渠道向下级渠道分水的地方。上级渠道的分水闸即下级渠道的进水闸。斗渠、农渠的进水闸分别是斗门和农门。分水闸的作用是控制和调节向下级渠道配水的流量,其结构形式有敞开式和涵洞式两种。

节制闸。节制闸垂直于渠道中心线布置,其作用是根据需要抬高上游渠道的水位或阻止渠水继续流向下游。

(ⅱ)量水建筑物及其利用情况大致如下。

闸、涵、渡槽等量水建筑,主要为干渠、支渠量水使用。

（2）田间工程

田间工程指的是最末一级固定渠道（农渠）和固定沟道（农沟）之间的条田范围内的临时渠道、排水小沟、田间道路、稻田的格田和田埂、旱地的灌水畦和灌水沟、小型建筑物以及土地平整等农田建设工程。田间工程是让灌区工程系统发挥效益，实现灌区可持续发展的基础工程。在这里将主要对旱作区的条田和稻作区的格田进行介绍。

① 条田与旱地田间渠系

条田是指末级固定灌溉渠道（农渠）和末级固定沟道（农沟）之间的田块。条田的一般规格为长度 100～300 m，宽度 50～200 m，条田的规格是综合考虑田间灌溉管理、排涝、耕作机械化等方面的因素后确定的。

旱地田间渠系指的是条田内部的灌溉网，包括毛渠，输水垄沟和灌水沟、畦等。旱地田间渠系的布置分为纵向布置和横向布置两种形式：在纵向布置中，水流的流向是农渠→毛渠→输水垄沟→灌水沟、畦；横向布置无输水垄沟，水流流向是农渠→毛渠→灌水沟、畦。

② 水田格田

水田灌溉不需要毛渠，灌溉水直接从农渠进入水稻格田。

格田规划布置的要求包括：从方便灌溉、提升耕作的机械化效率出发，格田规格的一般要求是长度为 50～150 m，宽度为 5～30 m；山区、丘陵地区的格田布置需以地貌特征为依据，一般要求格田长边方向平行于等高线，由此可以减少梯田修筑的工程量；平原地区格田方向适宜选择南北向，这是从作物通风采光的角度进行考虑；竭力消灭串灌串排；田面要求平整；与旱地相邻的格田需要开设隔水沟。

2. 灌区的区域类型

根据地理区域的不同，中国灌区形成了明显的类型区分，即山区、丘陵地区灌区（以下简称"山、丘区灌区"）、南方平原圩区灌区（以下简称"平原圩区灌区"）以及北方平原地区灌区（以下简称"北方平原灌区"）。

（1）山、丘区灌区

中国山区、丘陵地区分布广泛，地势起伏剧烈，地面高差大，坡度陡，一遇暴雨，回流迅速，容易形成山洪灾害，并造成土壤流失；在无雨期间则沟溪干涸，易出现干旱。所以这类区域的农田水利既要解决防洪问题，又要解决水源不足问题。

山、丘区灌区一般由三个部分构成：一个部分是位于渠首的引水、蓄水或提水工程设施,另一个部分是进行输、配水的渠道系统,最后一个部分是灌区内部的小型水库、堰塘及小型的提水工程设施。山、丘区灌区的渠道系统似藤,灌区内部的蓄水设施似瓜,这种类型的灌溉系统因此被形象地称为"长藤结瓜灌溉系统"。

(2)平原圩区灌区

中国南方圩区主要指的是沿江滨湖的低洼易涝地区以及受潮汐影响的三角洲地区,这些地区都是江湖冲积平原,土壤肥沃、水网密布、湖泊众多、水源充沛,外加一般年份降雨量丰富,所以自古以来,人们就在江河两岸和滩地筑堤围垦,大面积的水网圩区由此形成。

平原圩区的水利以排涝为主,兼顾灌溉。为了达到控制地下水位的目的,圩区排水沟和灌溉渠一般是两套独立的系统。不过,排涝站则大多数时候是灌排结合的,如此可以最大限度地实现灌区工程可持续发展。

(3)北方平原灌区

北方平原灌区泛指淮河、秦岭以北的平原地区和地势比较开阔的山间盆地。这些地区年降雨量较少且年内分配不均,经常发生干旱和洪涝灾害。由于蒸发量大,土壤中又含有一定盐分,不少地区还受到土壤盐碱化的威胁。因此,北方平原灌区的水利要针对洪、涝、旱、碱开展综合治理。

3. 灌区末级渠系工程主要类型

(1)斗渠

斗渠是自支渠分配获得水量并进一步向农渠配水的渠道。斗渠在水源调配上主要实施轮灌制度,即一般先向渠道上游的农渠进行配水,再向渠道下游的农渠配水。

(2)农渠

农渠是自斗渠分配获得水量并直接将之输送至田块的渠道,它是最末一级的固定渠道。农渠在配水上主要实施轮灌制度,一般先向上游的田块配水,再向下游的田块配水。

(3)堰塘

堰塘普遍存在于"长藤结瓜灌溉系统"中,它是这类灌溉系统中的"结瓜"工程。堰塘一般位于田块中央,它既是一个小型的水源工程,也是规模水利供水的"转换器",堰塘既可以通过自流灌溉的方式对地势较低的田块供水,也可以通过提灌的方式向地势较高的田块供水。堰塘的供水可能需要借助农渠,但很多时候农户采用串灌的方式而无须借助农渠引水。

（4）机井

机井是各类灌溉系统中均普遍存在的工程类型。它是一类小型的水源工程，在不同的灌溉系统中，它的主导性地位是存在差异的，换句话说，它既可能是主要的灌溉水源，也可能是辅助性的灌溉水源。

（5）其他

小型的提水泵站、小挡坝、小水窖等也是灌区末级渠系中常见的工程类型。

总之，本书表述的"灌区末级渠系"这一概念，是指灌区骨干工程以下的末端水利工程系统，它始于斗渠（包含部分支渠）渠段，既包含了规模水利的斗渠、农渠等末级渠道及配套工程，也包含了一些小型的水源工程及其配套工程。

1.1.2　农田水利的一般性质与基础特征

对灌区末级渠系性质与特征的准确判断是对其实现可持续发展的前提。灌区末级渠系亦由农田水利工程构成，它首先具备农田水利的一般性质和基础特征。

1. 农田水利的一般性质

可以从本质属性、政治社会属性和经济属性三个层面来理解农田水利的一般性质。

首先，农田水利是开发水资源用于农业生产的工程系统，它属于生产资料的范畴，这是农田水利的本质属性。农田水利的服务对象是农业，虽然一些农田水利工程体系建成以后可以带来多重利用价值，如水库养殖、灌区旅游等，但是服务于农业生产是农田水利建设的宗旨。

其次，农田水利的准公益性（公益性）是其政治社会属性的具体表现。具体来说，农田水利为农业生产提供服务，其最终的受益主体是农民，灌溉服务通过促进农作物生产转化成为农民的经济收益，这是其为私人利益服务的表现。不过，农业生产本身并不是一个纯私人利益的领域，它同时也是一个公共利益的领域，这是因为农业生产直接关系国家粮食安全，是社会稳定、发展的基础，并且农业生产为农民提供了基本的生活资料和社会保障，是农村稳定、发展的基础，这是农田水利为公共利益服务的表现。国家将农田水利作为准公益性事业进行发展依然被认为是国家权力以公共性换取合法性的表现。

最后，农田水利的经济属性主要体现在两个层面：一是农田水利工程常具备开展多种经营的可能，如用于养殖、灌溉、开发旅游业，在市场经济下它能够在多个层面转化成为经济要素；二是农田水利工程的供水具有产品水的性质，水资源通过蓄、引、提、输送等工程措施以后已经转化成为产品水。

2. 农田水利的基础特征

可以从以下几个方面理解农田水利的基础特征。

首先，农田水利具有准公共性。农田水利准公共性的具体表现是：其一，农田水利提供灌排服务的能力是有一定限度的，在该限度以内，农田水利的受益主体对灌排系统的利用具有非竞争性，但是，超出这个限度，受益主体之间就要产生竞争性；其二，灌排系统的受益主体根据自身需求获取服务，他们自灌排系统的获益并不一定是均等的；其三，灌排系统在灌排区以内具有非排他性，对灌排区以外则具有排他性。

其次，农田水利的工程构成具有系统性。农田水利是由若干水利工程相互关联形成的工程网络系统。农田水利工程构成的系统性表明，只有在工程建设相对完整的状况下灌排功能才可能得到有效发挥。在中国的灌区管理制度中，系统性的农田水利工程又分配给不同的管理主体进行管理与利用，这些管理行为的相互协调是灌排有效实施的前提，而由于工程之间的关联性，部分工程的管理困境容易影响灌区整体的发展。

最后，农田水利垄断性。农田水利的系统工程建设完成以后，农田灌排服务的供给主体与需求主体也基本上确定下来了，需求主体多数情况下并没有选择权，这是农田水利垄断性的表现。

1.1.3 灌区末级渠系的性质与特征

本节将基于上文对农田水利一般性质和基础特征的梳理，从可持续发展需求角度对灌区末级渠系的性质、特征展开分析，并且对小农经济背景下中国灌区末级渠系的特殊性进行阐释。

1. 水利工程之间的系统协同关系

如上文对灌溉系统的描述中所呈现的，在山、丘区灌区，"五小水利"工程一般比较发达，但在以淮涟为代表的平原灌区，多为常规河道引用水源灌区，少部分为长藤结瓜灌区。但不论是哪种灌区类型，在灌区建设之时都进行了系统化与协同化的工程布置。这种系统化与协同化可以实现对多种水源的灵活应用，这一方面可以降低灌溉成本，因为实现了对就近水源的利用；另一方面可以提高水利工程的利用率,比如渠道单位引水流量的灌溉能力获得提升等;第三方面灌区的抗旱能力增强,规模水利为农田抗旱提供了保障。不过,由于农田对灌溉用水的需求量相对稳定,在灌溉工程系统中,水利工程之间在发展上必然形成一定程度的竞争关系:首先,通过微小型的水利系统取水灌溉时,对规模水利的利用自然减少,灌溉受益主体由此必然会偏重对微小型水利的管养力度,而规模水利的管养力度或不会引起重视,进而可能造成规模水利的发展受阻;其次,当前普遍建立的通过计量水费维持灌区运转的体制,意味着一旦规模水利受到竞争而供水量减少,则会直接导致规模水利运转的经费困难。

2. 灌区末级渠系的不对称性

灌区末级渠系是一个相对独立的治理领域,与小规模灌溉系统具有相似性。灌区末级渠系也是一个小规模的公共治理空间,在灌区末级渠系的范围内,不论是斗渠上下游的用水农户,还是农渠上下游的用水农户,甚至还有其他小型工程上下游的用水农户,均存在工程利用中的不对称性,上游的用水农户总是具有天然的优势。从实现灌区可持续发展管理角度来看,这种不对称性虽然是客观存在的,但也是不健康的,在具体灌区管理中,要避免或打破这种不对称性。

3. 灌区末端公共性

从农田水利学水利工程布置的基本原理来说,基本灌溉单元的农田水利工程具有总体性特征。灌溉系统中的干渠、支渠主要是从保证输水效率的角度来进行工程布置的,而斗渠、农渠是与农业生产直接关联的渠系,它们的布置必须与农业生产关联起来,其中农渠是最末级的固定渠道,它的控制范围是一个耕作单元,通过农渠,水分与土壤很快发生结合。耕作单元以内的水利工程除了农渠,还可能包含临时性毛渠以及小水库、堰塘等水利工程设施,这些水利工程设施的布置考虑的是灌溉的有效性问题,即水分能够及时有效地到达耕作单元辖域以内的所有土地,进而实现灌溉对耕作的配合,这些水利工程的布置显然并不考虑对田块配水的精确性问题。由此,可以看到包含农渠在内的耕作单元内部的各水利工程具有总体性的特征,它们通过相互结合来实现灌溉与耕作配合的目标,并且它们一般并不具备排他性供水的能力。所以,在整个灌溉系统中各层级的水利工程有着明显的功能区分:干渠、支渠力图保证输水效率,斗渠力图实现对农渠的高效配水,而农渠控制的灌溉面积以内的水利工程则相互结合,力图实现高效灌溉。如此则可以看到,农渠控制的灌溉面积是灌溉系统中最基本的灌溉单元,灌区配水不再考虑更小的用水主体,而耕作单元内水利工程的总体性特征也正是基本灌溉单元内水利工程的总体性特征。

农村改革以后,基本灌溉单元农田水利工程的总体性特征就成了影响农田水利治理的关键要素。农村土地开始由农户家庭承包经营,农业进入了由经营主体承包经营小规模土地的状态,这也就是小农经济的农业经营形态。在小农经济形态下,基本灌溉单元涉及若干户农户的灌溉面积,由于基本灌溉单元农田水利工程的总体性以及非排他性,基本灌溉单元的农田水利工程就是一个公共治理(管理)空间,本书将之概括为"灌区末端公共性",这是小农经济格局下,中国灌区末级渠系的特殊性质。

很显然,灌区末端公共性对灌区工程管理的影响是:一方面灌区末级渠系的治理需要对末端公共领域内的农田水利工程进行总体性的治理,因为这些农田水利工程相互之间具有外部性、系统性、关联性,这导致对这些灌区工程管理要进行统筹考虑,通过总体治理就可以将这些外部性内部化;另一方面,只有在灌区末端的公共治理有效达成的前提下,灌区向末端公共治理单元的高效配水才是可能的。

1.2 可持续发展

1.2.1 可持续发展理论

"可持续发展"亦称"持续发展",1987年挪威首相布伦特兰夫人在她任主席的联合国世界环境与发展委员会的报告《我们共同的未来》中,把可持续发展定义为"既满足当代人的需要,又不对后代人满足其需要的能力构成危害的发展",这一定义得到广泛的接受,并在1992年联合国环境与发展大会上取得共识。

可持续发展涉及可持续经济、可持续生态和可持续社会三方面的协调统一,人类在发展中讲究经济效益、关注生态和谐和追求社会公平,最终达到人的全面发展。具体表现如下:

经济可持续发展方面:可持续发展鼓励经济增长而不是以环境保护为名取消经济增长,因为经济发展是国家实力和社会财富的基础。但可持续发展不仅重视经济增长的数量,更追求经济发展的质量。可持续发展要求改变传统的"高投入、高消耗、高污染"为特征的生产模式和消费模式,实施清洁生产和文明消费,以提高经济活动中的效益,节约资源和减少废物。从某种角度上,可以说集约型的经济增长方式就是可持续发展在经济方面的体现。

生态可持续发展方面:可持续发展要求经济建设和社会发展要与自然承载能力相协调。发展的同时必须保护和改善地球生态环境,保证以可持续的方式使用自然资源和环境成本,使人类的发展控制在地球承载能力之内。因此,可持续发展强调了发展是有限制的,没有限制就没有发展的持续。生态可持续发展同样强调环境保护,但不同于以往将环境保护与社会发展对立的做法,可持续发展要求通过转变发展模式,从人类发展的源头、从根本上解决环境问题。

社会可持续发展方面:可持续发展强调社会公平是环境保护得以实现的机制和目标。可持续发展指出在发展阶段中,世界各国发展的具体目标也各不相同,但发展的本质应包括提高人类生活质量以及健康水平,创造一个保障人们平等、自由、教育、人权和免受暴力的社会环境。这就是说,在人类可持续发展系统中,经济可持续是基础,生态可持续是条件,社会可持续才是目的。21世纪人类应该共同追求的是以人为本位的自然—经济—社会复合系统的持续、稳定、健康发展。

1.2.2　灌区水利现状

1. 现有水利工程设施与运营管理不适应

随着社会经济的快速发展,灌区水利工程设施更新改造重视不够,大部分田间工程老化年久失修,不能发挥正常效益,加之水利工程设计标准也不断更新,由于部分现有的水利工程设施依照以前的设计标准,导致与运营管理的适应性越来越低,因此,目前灌区里部分水利工程设施已经不能满足现代化管理需求。

2. 工程管理效率较低

目前灌区工程管理形式多样,有灌区管理单位统一管理,也有乡镇水利站进行管理,也有农民用水者协会以及村集体自行管理。但都出现管理经费投入不足,管理人员老龄化,业务水平偏低,难以满足当前灌区现代可持续发展需要。

3. 排放污染物对水资源质量造成负面生态影响

灌区是为农业发展服务,在作物生长的过程中会使用一定量的化肥、农药等,而且目前秸秆还田水平不高,秸秆在田间腐烂后会对周边的地表水、地下水造成不同程度的污染,尤其是对大中型灌区,由于水系连通,影响到相关联的水系,导致当地灌溉水源水质不达标,影响农产品的质量,给社会发展带来很大的负面影响。

4. 灌溉水利用率较低

由于不同的灌区采取的灌溉技术管理制度不尽相同,信息化、科技化管理手段落后,有些灌区还未采取现代节水技术(如喷灌、滴灌等),导致灌溉水量远远大于实际需水量,造成了大量水资源浪费,因此,灌区灌溉水利用率较低的情况还普遍存在。

1.2.3 建设可持续发展灌区的措施

1. 思想向可持续发展转变

要想在真正意义上构建可持续发展现代化生态灌区,应对水资源进行全面化管理,还应将重建设、轻管理这样的理念积极向可持续发展理念转变。能够认识到水资源的重要作用,在对水资源进行开发的过程中,应对水资源进行合理利用,还应进行科学配置。另外,应对水资源进行全方位掌握,依照经济规律进行把控,进而将水资源进行合理分配。这样才能在市场经济中体现出水资源的价值。将水资源进行合理性分配,不仅与经济社会发展标准相吻合,同时还能促进社会经济可持续发展。

2. 加强高效节水观念宣传

要建设现代化、可持续发展的灌区,首先需要加强高效节水观念宣传,对管理人员、用水户等进行节水意识强化认知,要将水资源丰富的意识积极转变为水资源紧缺的意识,让水资源的管理方、用水方都能从心里认识到水资源的重要性,这样才能将水资源进行合理配置和使用。

3. 水利工程科学规划设计

灌区水利工程规划设计要综合考虑系统化、模块化原则,还需与社会经济发展相适应,具有一定的前瞻性,紧贴农业水利未来发展目标,实现灌区可持续发展。

4. 积极引入节水新技术和水污染处理技术

要积极关注国内外节水动态,了解节水新技术,在普及节水技术的同时,积极引入最新的节水技术,全面提高水资源灌溉效率。针对水资源污染问题,分析形成原因,建立相应的水污染应急机制,引入水污染处理技术,从而逐步改善水环境质量。

1.3　生态农业

1.3.1　生态农业发展的重要性

1. 形成现代生态循环农业体系

生态农业是实现乡村振兴的重要着力点,也是灌区可持续发展的主体支撑,发展将种植业、渔业等有机结合的现代生态农业,有助于改善农业生态环境,减少灌区水资源污染现象的发生,从而形成现代生态循环灌区农业体系。

2. 提高农民收入

发展现代生态农业,实现经营方式的科学化,提高农民管理科学化水平,也将进一步提升农作物产品质量水平,促进农民增产和增收,提高农民的收入。

1.3.2　灌区生态农业发展举措

1. 树立生态农业发展新理念

为了加快实现生态农业转型,树立生态农业发展新理念非常必要。第一,推动生态农业生产发展期间,要实现生态农业经济产业化;第二,加强对农产品种植的重视,加强农产品种植的科学性,保证农产品食用的安全性;第三,以生态农业为基础开发旅游项目,降低生态农业价值固定这一方面的局限性,一方面提高农产品收益率,另一方面也可以将农业产值局限性及时转移,获得充足的资金推动当地生态农业经济可持续发展;第四,在农业生产中应用信息技术,使农业生产服务更加个性化。

2. 加强宣传教育

宣传教育是进行农业发展不可或缺的传播信息的手段,是传播政策及科技信息的工具,是农业、农村社会发展进步的开路先锋。通过广泛宣传,调动农民进行生态农业发展的积极性。

3. 设置生态农业创新试点

为推动灌区地区经济可持续快速增长,可在灌区不同区域适当设置生态农业创新试点,将有助于为灌区整体经济起到带头作用。比如进行养殖污水处理回用,减少化肥农药,用有机肥料生产有机产品。如果生态农业创新试点在管理、经济等方面取得比较好的效果,就可以将积累的先进管理经验推广到其他区域,带动整个灌区经济全面发展。因此,有必要集中人力资源、金融资金等做好灌区生态农业创新试点的设置工作,是灌区实现可持续发展重要措施之一。

1.3.3 循环经济

1. 循环经济含义

国家发展和改革委员会对循环经济提出了具体含义,指出循环经济是一种以资源的高效利用和循环利用为核心,以"减量化、再利用、资源化"为原则,以消耗、低排放、高效率为基本特征,符合可持续发展理念的经济增长模式,是对"大量生态、大量消费、大量废弃"的传统增长模式的根本变革。而农业循环经济主要是指以增强科学技术投入,提升技术创新,加强资源控制为载体,实现资源整体的减量化、废弃资源的再利用,优化农业生产结构,提高农业资源利用率,实现经济和生态的均衡发展。

2. 构建循环经济体系措施

发展节约型农业主要包括农业机械效率提升及农业节能等方面,农业机械需要从老旧农业机械向节能型智能型农业机械转变,提高机械作业效率。在农业节能方面,要推广先进的节水技术及大棚技术、推动物联网技术应用等。在农作物秸秆综合利用方面,要将秸秆向饲料、肥料、燃料等方面转化,禁止秸秆未经处理粗放式还田。在降低农膜带来污染方面,要积极与企业联系,开展回收工作,并将农膜使用标准化,大力推广可降解的农膜研究生产和使用,以提高农膜使用效率和减少农膜白色污染。

3. 构建农业循环经济评价指标体系

为有效掌握不同灌区循环经济的发展趋势及各自发展特点,构建农业循环经济评价指标体系,推动灌区可持续发展,有助于对农业循环经济的发展水平进行有效的评价,通过量化结果,可以为推动灌区农业循环经济的整体发展提供决策参考。主要评价指标包括:社会经济发展指标、循环利用指标、生态环境指标等。

2 灌区基础治理模式

2.1 灌区末级渠系治理模式

2.1.1 三种治理模式

对灌区末级渠系治理模式的研究,除了参考农田水利一般的性质、特征以外,还要参考灌区末级渠系层次化的公共性和末端公共性的特征,它们对灌区末级渠系的治理模式产生直接影响。灌区末级渠系的末端公共性表明,在灌溉系统末端必须要成立基本灌溉单元,这个基本灌溉单元虽然也涵盖若干农田水利工程,但是不能再度细分治理单位;灌区末级渠系层次化的公共性表明,在灌区末级渠系范围内可以用大的公共治理单元涵盖小的治理单元,进而形成一个整体的治理结构。由此结合灌区末级渠系的性质特征,笔者认为中国的灌区末级渠系可以形成三种治理模式,即总体治理模式、分层治理模式和复合治理模式,下面将分别阐述之。

1. 总体治理模式

对灌区水管单位、灌区末级渠系管理主体和灌溉用水户之间关系进行分析,发现灌区水管单位为灌区末级渠系管理主体提供定量的灌溉用水,灌区末级渠系管理主体为灌区范围内灌溉用水户提供灌溉服务,它们之间关联的发生构成了灌区管理的全部内容。具体包含了两个方面的内容:其一是灌区水管单位向灌区末级渠系管理主体供水;其二是灌区末级渠系管理主体向灌区水管单位提交水费。在灌区末级渠系的管理中,管理主体向灌溉用水户提供灌溉服务,灌溉用水户则要分担灌区末级渠系管理的总成本,这个总成本由两部分构成:一部分是灌区末级渠系向灌区水管单位取水的成本,即水费;另一部分是灌区末级渠系工程维系成本。灌区末级渠系管理的总成本最终按照一定的规则分摊在受益的土地面积上,灌溉用水户根据其受益的土地面积分担灌溉管理的成本。

因此,所谓灌区末级渠系的总体治理模式,是灌溉管理主体向灌溉用水户提供同质的灌溉服务,灌溉用水户按照统一的标准分担灌区末级渠系的管理成本。该治理模式对灌溉成本的分担进行了均质化的处理。灌区末级渠系管理也只有一个经济核算中心。

2. 分层治理模式

灌区末级渠系的分层治理模式,指的是灌区末级渠系的管理在整个灌区末级渠系范围内进行层次化的内容设置,也就是说斗渠(包含部分支渠)和基本灌溉单元管理内容的总和成为灌区末级渠系的管理内容,并且明确灌溉用水户对末级渠系管理成本的分担由斗渠管理成本和其所位于的基本灌溉单元的管理成本两部分构成。在分层治理模式下,灌溉用水户负担的灌溉服务费用在整个灌区末级渠系范围内并没有统一的标准,因为灌溉服务费的一部分构成是基本灌溉单元的管理费用,而这部分费用构成在不同的基本灌溉单元之间存在差异。不过,灌溉用水户负担的灌溉服务费用在基本灌溉单元内具有统一的标准。灌区末级渠系管理主体唯一,灌区末级渠系管理有两个经济核算中心,一个是基本灌溉单元,另一个是灌区末级渠系,这是分层治理模式的基本特征。

3. 复合治理模式

如此,在灌区管理中会涉及四类治理(管理)主体,即灌区水管单位、斗渠管理主体、基本灌溉单元管理主体以及灌溉用水户。本书中将灌区末级渠系工程系统中斗渠(包含部分支渠)、基本灌溉单元分由不同的治理(管理)主体管理,两个部分结合构成灌区末级渠系治理内容的模式称为灌区末级渠系的复合治理模式。

在复合治理模式下,灌区末级渠系管理的具体内容如下。

(1) 斗渠管理

在斗渠管理中,管理主体要先向灌区水管单位取水,再将取得的定量水配置给基本灌溉单元。斗渠的管理主体要向灌区水管单位负担水费,这是其取水成本,斗渠管理主体在向基本灌溉单元配水的过程中也要收取相应的费用,这部分费用主要由两部分构成:一部分是斗渠的取水成本,另一部分是斗渠的管理成本。具体灌区管理工作中,斗渠管理的费用收取常常采用终端水价的方式,也就是说将斗渠渠段管理成本分摊在取水成本上,形成对水价的加价,管理主体以向基本灌溉单元收取水费的方式收取斗渠管理的总体费用。

(2) 基本灌溉单元的管理

基本灌溉单元的管理由管理主体向用水户提供灌溉服务,灌溉用水户也需要承担相应的费用。各地成本不一，但基本是取水成本和工程管理成本之和。分层治理模式与复合治理模式在表现形态上具有较大程度的相似性，但是从本质上讲，它们是完全不同的治理模式。分层治理模式是在治理（管理）主体唯一的情况下开展的灌区末级渠系治理，它对相关的经济行为进行了分层化的内容设计；复合治理模式是在多个治理主体的情况下开展的灌区末级渠系治理，多主体开展的治理事务具有层次化的关联性。

2.1.2　灌区治理模式选择的因素

在总体治理模式、分层治理模式和复合治理模式中，灌区末级渠系管理主体需要依据各自的实际情况进行恰当的治理模式选择。灌区的结构是影响灌区末级渠系治理模式选择的关键要素，这主要是从以下两个方面来说的。

首先，灌区末级渠系范围内的各基本灌溉单元都拥有各自的农田水利工程，各单元之间农田水利工程的均质化程度是影响治理模式选择的重要因素。如在高标准的现代化农田中，各基本灌溉单元之间的工程条件，农田的灌溉条件都是相当的，则这样的灌区末级渠系显然采用总体治理模式较为适宜。相反，如果各基本灌溉单元之间的条件存在较大差异，则将这些工程的管理成本在整个灌区末级渠系的范围内进行均衡具有明显的不合理性，这样的灌区末级渠系适合采用分层治理模式或者复合治理模式。

其次，各基本灌溉单元拥有基础水源的情况也是影响治理模式选择的重要因素。如中国的山、丘区灌区一般建成长藤结瓜灌溉系统，在这种类型的灌溉系统中，即使是在基本灌溉单元内部也存在一定的水源工程，这构成了基本灌溉单元的基础水源。农田灌溉除了要利用这部分基础水源，一般都还需要通过规模水利补充水量，只有两种水源在利用中恰当结合，才能达成低成本且高效率的农田灌溉。对于各基本灌溉单元基础水源不同的末级渠系，各基本灌溉单元显然并不愿意将自己的取水成本在整个灌区末级渠系的范围内进行均衡，所以总体治理模式并不适用，而只能选择分层治理模式或者复合治理模式。当然，在有些灌区，基本灌溉单元并没有基础水源，或者各基本灌溉单元的基础水源条件相当，则这样的灌区的末级渠系系统可以选择总体治理模式。这些情况往往根据条件的变化而相互转化。

2.2 灌区末级渠系的治理主体

2.2.1 基本灌溉单元的治理主体

1. 多元主体

中国农业经营形态的多样性,决定了中国灌区末端的治理主体可能有多种主体形式,比如个体用户、农户合作(合伙)组织、村社集体组织、农民用水户协会等。实际上在灌溉系统的末端是很难用纯粹的行政主体来进行灌溉治理的,灌区末端的治理主体一般所指的就是一定灌溉面积内的受益主体,或者若干受益主体相结合形成的主体形态。

2. 主导形式

中国的灌溉系统末端完全可能出现多种类型的治理主体,所以中国的灌溉管理、农田水利的相关制度应当确立这些治理主体的合法性。但与此同时,中国的灌溉发展政策有必要确立灌区末端治理主体的主导形式,这种主导形式是最主要的灌区末级渠系治理主体类型,换句话说,在大多数灌区,灌区末级渠系的治理都是采纳这一主体形式,只有在特殊情况下才会采纳农户、合作组织等主体形式。中国目前的灌溉发展政策倡导农民用水户协会作为灌区末端治理主体的主导形式,但是农民用水户协会的实践效果却并不理想。从淮涟灌区具体工作实践来看,通过行政村社集体组织作为灌区主导模式管理更能推动灌区的可持续发展,起到预期的管理效果。

2.2.2 治理模式与灌区末级渠系治理主体

1. 总体治理模式下的治理主体

在总体治理模式下,中国灌区末级渠系的治理主要可以有两种类型的主体。

第一种类型的主体是农村集体经济组织。如果单位斗渠(包含部分支渠)控制的灌溉面积完全属于一个农村集体经济组织的耕地面积,则这样的灌区末级渠系系统可以直接交由农村集体经济组织进行管理。

第二种类型的主体是农民用水户协会。与上述情况不同,如果单位斗渠(包含部分支渠)控制的灌溉面积涉及多个农村集体经济组织的耕地面积,在总体治理模式下,还可以组建农民用水户协会开展末级渠系治理。

2. 分层治理模式下的治理主体

在分层治理模式下,中国灌区末级渠系的治理主体主要是农村集体经济组织。在这里也可以参照总体治理模式下治理主体类型的讨论方式,即依据单位斗渠控制的灌溉面积与农村集体经济组织耕地面积之间的关系进行分析。

第一种情形是单位斗渠(包含部分支渠)控制的灌溉面积完全属于一个农村集体经济组织的耕地面积,这样的灌区末级渠系系统应当交由农村集体经济组织进行管理。需要说明的是,由于是分层治理模式,其中基本灌溉单元的管理应当交由村民小组一级的农村集体经济组织实施管理,其中的斗渠(包含部分支渠)应当交由村一级的农村集体经济组织进行管理。

第二种情形是单位斗渠(包含部分支渠)控制的灌溉面积涉及多个农村集体经济组织的耕地面积。在实践中,如果出现这种情形,同时又需要实施分层治理时,应当对治理模式进行调整,将分层治理模式调整为复合治理模式。这是因为当这种情形出现时,由于农村集体经济组织可以负责基本灌溉单元的管理,并且相关的农田水利工程产权已经确立给了农村集体经济组织,如果实施分层治理模式意味着需要对灌区末级渠系进行产权整合,考虑到这部分制度变革的高昂成本,在这种情形下就应当实施复合治理模式,因为复合治理模式并不涉及对农村集体所有的水利工程进行产权调整。

因此,由于分层治理模式在实践中并不存在上述第二种情形的可能,只存在单位斗渠(包含部分支渠)控制的灌溉面积属于同一个农村集体经济组织的耕地面积这一种情形,所以只有农村集体经济组织这一种灌区末级渠系治理主体类型。

3. 复合治理模式下的治理主体

在复合治理模式下,中国灌区末级渠系的治理应当由农村集体经济组织和灌溉用水户协会共同实施。在这里也可以参照上述区分方式进行分析。

第一种情形是单位斗渠(包含部分支渠)控制的灌溉面积完全属于一个农村集体经济组织的耕地面积。在这种情形下,虽然灌区末级渠系中的基本灌溉单元与斗渠(包含部分支渠)可以进行区分治理,但是完全可以由农村集体经济组织统合起来进行分层次的治理,因而更适宜实施分层治理模式。

第二种情形是单位斗渠(包含部分支渠)控制的灌溉面积涉及多个农村集体经济组织的耕地面积,在这种情形下基本灌溉单元的管理应当交由农村集体经济组织实施,同时应当在斗渠(包含部分支渠)上组建灌溉用水户协会。需要明确的是,灌溉用水户协会与农民用水户协会并不是相同的灌区末级渠系治理主体,前者是在斗渠(包含部分支渠)上组建的灌溉管理主体,其成员是各基本灌溉单元的管理主体,即农村集体经济组织;后者是整个灌区末级渠系的管理主体,其成员是灌溉用水户。

因此,在复合治理模式下,灌区末级渠系应当有两个治理主体,即农村集体经济组织和灌溉用水户协会,这两者之间并不是并列且需要进行类型选择的关系,而是需要相互结合共同实施灌区末级渠系治理的关系。

3 灌区灌溉水量分析

3.1 农田水状况

3.1.1 农田水存在的形式

农田水有三种基本形式,即地面水、土壤水和地下水,土壤水是与作物生长关系最密切的水分。

土壤水按其形态可分为固态水、气态水、液态水三种。固态水是土壤水冻结时形成的冰晶;气态水是存在于土壤孔隙中的水汽,有利于微生物的活动,故对植物根系有利,由于数量很少,在计算时常略而不计;液态水是蓄存在土壤中的液态水分,是土壤水存在的主要形态,对农业生产意义最大。在一定条件下,土壤水可由一种形态变为另一种形态。液态水按其受力和运动特性可分为吸着水、毛管水、重力水三种类型(组成结构见图3.1-1)。

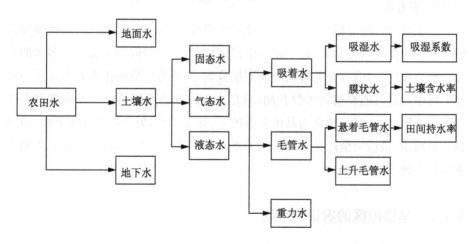

图3.1-1 农田水组成结构

1. 吸着水

吸着水包括吸湿水和膜状水。吸湿水是土壤孔隙中的水汽在土粒分子的吸引力作用下,被吸附于土粒表面的水分。它被紧束于土粒表面,不能呈液态流动,也不能被植物吸收利用,是土壤中的无效含水量。当空气相对湿度接近饱和时,吸湿水达到最大,此时的土壤含水率称为吸湿系数。不同质地土壤的吸湿系数不同,吸湿系数一般在0.034%~6.5%(占干土重的百分率)之间。

2. 毛管水

土壤借毛管力作用而保持在土壤孔隙中的水叫作毛管水,即在重力作用下不易排除的水分中超出吸着水的部分。毛管水能溶解养分和各种溶质,较易移动,是植物吸收利用的主要水源。依其补给条件不同,可分为悬着毛管水和上升毛管水。

悬着毛管水指不受地下水补给时,由于降雨或灌溉渗入土壤并在毛管力作用下保持在上部土层毛管孔隙中的水。悬着毛管水达到最大时的土壤含水率称为田间持水率,它代表在良好排水条件下,灌溉后土壤所能保持的最高含水率。在数量上它包括全部吸湿水、膜状水和悬着毛管水。灌水或降雨超过田间持水率时,多余的水便向下渗漏掉,因此田间持水率是有效水分的上限。生产实践中,常将灌水两天后土壤所能保持的含水率作为田间持水率。

上升毛管水系指地下水沿土壤毛细管上升的水分,毛管水上升的高度和速度与土壤的质地、结构和排列层次有关。土壤黏重,毛管水上升高,但速度慢;质地轻的土壤,毛管水上升低,但速度快。

3. 重力水

当土壤水分超过田间持水率(在生产实践中常将灌水两天后土壤所能保持的含水率叫作田间持水率,它不是一个稳定数,是一个时间的函数)后,多余的水分在重力作用下,沿着非毛管孔隙向下层移动,这部分水分叫作重力水。重力水在土壤中通过时能被植物吸收利用,只是不能为土壤所保持。重力水渗到下层较干燥土壤时,一部分转化为其他形态的水,如毛管水,另一部分继续下渗,但水量逐渐减少,最后完全停止下渗。如果重力水下渗到地下水面,就会转化为地下水并抬高地下水位。

3.1.2 旱作地区的农田水状况

旱作区的地面水和地下水必须适时适量地转化成为作物根系吸水层(可供根系吸水的土层,略大于根系集中层)中的土壤水,才能被作物吸收利用。通常地面不允许积水,以免造成涝灾危害作物。地下水位一般不允许上升至作物根系吸水层以内，以免造成渍害，只能通过毛细管作用上升至作物根系吸水层，供作物利用。故地下水必须维持在根系吸水层以下一定距离处。

在不同条件下，地面水和地下水补给土壤水的过程是不同的，作物根系吸水层中的土壤水，以毛管水最容易被旱作物吸收，是对旱作物生长最有价值的水分形式。超过毛管最大含水率的重力水，在土壤中通过时虽然也能被植物吸收，但它在土壤中逗留的时间很短，因而利用率很低，一般都下渗流失，不能为土壤所保存，因此为无效水。同时，如果重力水长期保存在土壤中，也会影响到土壤的通气状况，对旱作物生长不利。所以，旱作物根系吸水层中允许的平均最大含水率，一般不超过根系吸水层中的田间持水率。

当植物根部从土壤中吸收的水分来不及补给叶面蒸发时，便会使植物体的含水量不断减少，特别是叶片的含水量迅速降低。这种由于根系吸水不足以致破坏了植物体水分平衡和协调的现象，即为干旱。根据干旱产生的原因不同，将干旱分为大气干旱、土壤干旱和生理干旱三种情况。

大气干旱是由于大气的温度过高和相对湿度过低、阳光过强，或遇到干热风造成植物蒸腾耗水过大，使根系吸水速度不能满足蒸发需要，而引起的干旱。中国西北、华北均有大气干旱。大气干旱过久会造成植物生长停滞，甚至使作物因过热而死亡。

土壤干旱是土壤含水率过低、植物根系从土壤中所能吸取的水量很少，无法补偿叶面蒸发的消耗而造成的。短期的土壤干旱会使产量显著降低，干旱时间过长，即会造成植物的死亡，其危害性要比大气干旱更为严重。为了防止土壤干旱，最低的要求就是使土壤水的渗透压力不小于根毛细胞液的渗透压力，凋萎系数便是这样的土壤含水率的临界值。

生理干旱是由于植株本身生理原因，不能吸收土壤水分，而造成的干旱。例如，在盐渍土地区或一次施用肥料过多，使土壤溶液浓度过大，渗透压力大于根细胞吸水力，致使根系吸收不到水分，造成作物的生理干旱。在盐渍土地区，土壤水允许的含盐溶液浓度的最高值视盐类及作物的种类而定。

综上所述，旱作物根系吸水层的允许平均最大含水率不应超过田间持水率，最小含水率不应小于凋萎系数。因此，对于旱作物来说，土壤水分的有效范围是从凋萎系数到田间持水率。

3.1.3 水稻地区的农田水状况

水稻的栽培技术和灌溉方法与旱作物不同,因此农田水存在的形式也不相同。中国水稻灌水技术传统采用田间建立一定水层的淹灌方法,故田面经常有水层存在并不断地向根系吸水层中入渗,供给水稻根部以必要的水分。根据地下水埋藏深度、不透水层位置、地下水出流情况(有无排水沟、天然河道、人工河网)的不同,地面水、土壤水与地下水之间的关系也不同。

当地下水位埋藏较浅,又无出流条件时,由于地面水不断下渗,使原地下水位至地面间土层的土壤孔隙达到饱和,此时地下水便上升至地面并与地面水连成一体。当地下水埋藏较深,出流条件较好时,地面水虽然仍不断入渗,并补给地下水,但地下水位常保持在地面以下一定的深度。此时,地下水位至地面间土层的土壤孔隙不一定达到饱和。

水稻是喜水喜湿性作物,保持适宜的淹灌水层,不仅能满足水稻的水分需要,而且能影响土壤的一系列理化过程,并能调节和改善湿、热及农田小气候。但长期的淹灌及过深的水层(不合理的灌溉或降雨过多造成的)对水稻生长也是不利的,会引起水稻减产,甚至死亡。因此,合理确定淹灌水层上下限具有重要的实际意义。适宜水层上下限通常与作物品种、生育阶段、自然环境等因素有关,应根据试验或实践经验来确定。

3.1.4 农田水状况的调节措施

在天然条件下,农田水分状况和作物需水要求通常是不相适应的。农田水分过多或水分不足的现象会经常出现,必须采取措施加以调节,以便为作物生长发育创造良好的条件。这也是灌区持续发展管理的重要一环。

调节农田水分的措施,主要是灌溉和排水措施。当农田水分不足或过少时,一般应采取灌溉措施来增加农田水分;当农田水分过多时,应采取排水措施来排除农田中多余的水分。不论采取何种措施,都应与农业技术措施相结合,如尽量利用田间工程进行蓄水或实行深翻改土、免耕、塑膜和秸秆覆盖等措施,减少棵间蒸发,增加土壤蓄水能力。无论水田或旱地,都应注意改进灌水技术和方法,以减少农田水分蒸发和渗漏损失,实现节水增效。

3.2　灌区常见作物需水量

3.2.1　灌区常见作物

中国农业驯化、栽培的历史十分久远,栽种的作物种类繁多。传说古时黄帝开创了五谷的种植,黍稷的栽培种植已有 7 000 多年的历史。中国古代称黍、稷、麦、稻、菽为五谷,常说的"五谷丰登"就是指粮食丰收。中国栽培较普遍的粮食作物共有 20 余种。当前,灌区作物主要以水稻、小麦、玉米等粮食作物为主,本书主要研究对象为水稻可持续发展管理研究。

1. 水稻

水稻是喜温作物,生长期间要求较多的热量和水分,因此水稻主要分布在东南亚和南亚水多、温度高的热带和亚热带国家和地区,其种植面积占世界水稻面积的 90% 以上。巴西、美国、意大利、埃及等国也种植有少量水稻。

中国水稻主要分布在淮河秦岭以南的亚热带湿润地区,北方由于水源所限,主要分布在水源充足的河流湖畔两岸或有水源灌溉的地区,面积仅占全国水稻面积的 5%~7%。近年来黑龙江水稻种植面积扩大很快。

2. 麦类作物

麦类作物属喜冷凉作物,既可秋播,也可春播。能利用晚秋至早春其他喜温作物所不能利用的光热资源,栽培范围遍布各大洲,但主要分布在北半球欧亚大陆和北美洲。种植面积较大的国家有美国、中国、印度、加拿大、西欧诸国、土耳其等。澳大利亚和阿根廷也是小麦生产国。黑麦与燕麦比小麦更具耐寒性,主要种植在气候冷凉地区。

中国南北均有小麦种植,但其分布主要集中在秦岭以北、长城以南的北方冬麦区,面积占全国的 1/3 以上。长城以北,六盘山、岷山、大雪山以西主要为春麦区。淮河以南为南方冬麦区,由于其湿度大,产量不如双季稻高,种植面积较小。

3. 玉米

玉米为喜温作物,适应性广,北美洲种植最多,其次是亚洲、拉丁美洲和欧洲。中国玉米栽培面积仅次于美国,居世界第二。玉米虽耐旱,但生长旺盛期耗水量较大,月平均降水 100 mm 最为有利,生育后期需较多的光照和一定的昼夜温差,因此温带地区玉米种植面积最大。中国玉米主要分布在由东北到西南的一条斜形地带上。近年来,由于饲料需要,南方诸省玉米种植发展也较快。

3.2.2　作物生长与发育的特点

作物有两种基本生命现象,即生长和发育。生长是指作物个体、器官、组织和细胞在体积、重量和数量上的增加,是一个不可逆的量变过程。发育是指作物细胞、组织和器官的分化形成过程,也就是作物发生形态、结构和功能上质的变化,有时这种过程是可逆的。现以叶的生长和发育为例加以说明。叶的长、宽、厚、重的增加谓之生长,而叶脉、气孔等组织和细胞的分化则为发育。作物的生长和发育是交织在一起进行的。没有生长便没有发育,没有发育也不会有进一步的生长,因此生长和发育是交替推进的。在作物栽培学中,有时将发育视为生殖器官的形成过程,这与通常将生长与营养生长联系在一起、发育与生殖生长联系在一起有关。

作物的生长和发育过程一方面由作物的遗传特性决定,另一方面又受到外界环境条件的影响,因而表现出不同层面的生长发育特性。

在作物的个体发育过程中,植株由营养体向生殖体过渡,要求有一定的外界条件。研究证明,温度的高低和日照的长短对许多作物实现由营养体向生殖体质变有着特殊的作用。作物生长发育对温度高低和日照长短的反应特性,称为作物的温光反应特性。例如,冬小麦植株只有顺序地通过特定的低温和长日照阶段才能诱导生殖器官的分化,否则就只进行营养器官的生长分化,植株一直停留在分蘖丛生状态,不能正常抽穗结实完成生育周期。

根据作物温光反应所需温度和日长,可将作物归为典型的两大类,即以小麦为代表的低温长日型和以水稻为代表的高温短日型。小麦植株在苗期需要一定的低温条件(又称春化阶段),并感受长日照(又称光照阶段),才能进行幼穗分化,低温和长日照条件满足得好,有利于促进幼穗分化,生育期缩短,相反,低温和长日照条件得不到满足,会阻碍植株由营养生长向生殖生长转化,生育期延长,甚至不能抽穗结实。根据小麦对低温反应的强弱,可分为冬性、弱(半)冬性和春性类型;根据对长日照反应的强弱,可分为反应迟钝型、反应中等型和反应敏感型。高温和短日照会加速水稻生育进程,促进幼穗分化。水稻对温光的反应特性表现为感光性(短日照缩短生育期)、感温性(高温缩短生育期)和基本营养生长性(高温短日照都不能改变营养生长日数的特性)。根据水稻对短日照反应的不同,可分为早稻、中稻和晚稻三种类型,早、中稻对短日照反应不敏感,在全年各个季节种植都能正常成熟,晚稻对短日照很敏感,严格要求在短日照条件下才能通过光照阶段,抽穗结实。值得注意的是,有些作物对日照长度有特殊的要求,如甘蔗要求在一定的日照长度下才能开花;也有些作物对日照长短反应不敏感,如玉米。

由于作物的温光反应类型不同,即使同一个品种种植在不同的生态地区,生育期长短也不同。例如,长日照作物的小麦北种南移,生育期变长;短日照作物的水稻北种南移,生育期变短。因此,在作物引种时,在温光生态环境相近的地区进行引种,易于成功。

作物的温光反应特性对栽培实践也有一定指导意义。例如小麦品种的温光特性与分蘖数、成穗数、穗粒数有很大关系,若要精播高产,应选用适于早播的冬性偏强、分蘖成穗偏高的品种。而晚播独秆栽培,则可选用春性较大的大穗型品种。又如,大豆是短日照作物,根据其对短日照的反应特性,如果在短日照地区播种延迟,会加快生育进程,为了获得高产,应适当增加种植密度。

3.2.3　农田水分消耗的途径

农田水分消耗的途径主要有植株蒸腾、棵间蒸发和深层渗漏。

1. 植株蒸腾

植株蒸腾是指作物根系从土壤中吸入体内的水分,通过叶片的气孔扩散到大气中去的现象。试验证明,植株蒸腾要消耗大量水分,作物根系吸入体内的水分有99%以上消耗于蒸腾,只有不足1%的水量留在植物体内,成为植物体的组成部分。

植株蒸腾过程是由液态水变为气态水的过程,在此过程中,需要消耗作物体内的大量热量,从而降低了作物的体温,以免作物在炎热的夏季被太阳光所灼伤。蒸腾作用还可以增强作物根系从土壤中吸取水分和养分的能力,促进作物体内水分和无机盐的转运。所以,作物蒸腾是作物的正常活动,这部分水分消耗是必需和有益的,对作物生长有重要意义。

2. 棵间蒸发

棵间蒸发是指植株间土壤或水面的水分蒸发。棵间蒸发和植株蒸腾都受气象因素的影响,但蒸腾因植株的繁茂而增加,棵间蒸发因植株造成的地面覆盖率加大而减小,所以蒸腾与棵间蒸发二者互为消长。一般作物生育初期植株小,地面裸露大,以棵间蒸发为主;随着植株增大,叶面覆盖率增大,植株蒸腾逐渐大于棵间蒸发;到作物生育后期,作物生理活动减弱,蒸腾耗水又逐渐减小,棵间蒸发又相对增加。棵间蒸发虽然能增加近地面的空气湿度,对作物的生长环境产生有利影响,但大部分水分消耗与作物的生长发育没有直接关系。因此,应采取措施减少棵间蒸发。如农田覆盖、中耕松土、改进灌水技术等。

3. 深层渗漏

深层渗漏是指旱田中由于降雨量或灌溉水量太多,使土壤水分超过了田间持水率,向根系活动层以下的土层产生渗漏的现象。深层渗漏对旱作物来说是无益的,且会造成水分和养分的流失,合理的灌溉应尽可能地避免深层渗漏。由于水稻田经常保持一定的水层,所以深层渗漏是不可避免的,适当的渗漏可以促进土壤通气,改善还原条件,消除有毒物质,有利于作物生长。但是渗漏量过大,会造成水量和肥料的流失,与开展节水灌溉有一定矛盾。不同地区要科学把握和调控。

在上述几项水量消耗中,植株蒸腾和棵间蒸发合称为腾发,两者消耗的水量合称为腾发量(Evapotranspiration),通常又把腾发量称为作物需水量(Water Requirement of Crops)。

腾发量的大小及其变化规律,主要决定于气象条件、作物特性、土壤性质和农业技术措施等。渗漏量的大小主要与土壤性质、水文地质条件等因素有关,它和腾发量的性质完全不同,一般将腾发量与渗漏量分别进行计算。旱作物在正常灌溉情况下,不允许发生深层渗漏。因此,旱作物需水量即为腾发量。对稻田来说适宜的渗漏是有益的,通常把水稻腾发量与稻田渗漏量之和称为水稻的田间耗水量。

3.2.4 作物需水规律

作物需水规律是指作物生长过程中,日需水量及阶段需水量的变化规律。研究作物需水规律和各阶段的农田水分状况,是实现灌区可持续发展管理的重要依据。作物需水量的变化规律是:苗期需水量小,然后逐渐增多,到生育盛期达到高峰,后期又有所减少。其中日需水量最多,对缺水最敏感,影响产量最大的时期,称为需水临界期。不同作物需水临界期不同,如水稻是孕穗至开花期,冬小麦为拔节至灌浆期,玉米为抽穗至灌浆期等。在缺水地区,把有限的水量用在需水临界期,能充分发挥水的增产作用,实现高效用水。相反,如在需水临界期不能满足作物对水分的要求,可能会减产。根据需水规律研究作物灌溉制度,科学测定灌溉需水量。

3.3 作物灌溉制度

农作物的灌溉制度是根据作物需水规律和当地气候、土壤、农业技术及灌水技术等条件,为作物高产及节约用水而制定的适时适量的灌水方案。其主要内容包括灌水定额、灌水时间、灌水次数和灌溉定额。灌水定额是指一次灌水单位灌溉面积上的灌水量,灌溉定额是指播种前和全生育期内单位面积上的总灌水量,即各次灌水定额之和。灌水定额和灌溉定额的单位常以 m³/亩①或 mm 表示,它是灌区规划及管理的重要依据。

3.3.1 充分灌溉条件下的灌溉制度

充分灌溉条件下的灌溉制度,是指灌溉供水能够充分满足作物各生育阶段的需水量要求而制定的灌溉制度。长期以来,人们都是按充分灌溉条件下的灌溉制度来规划、设计灌溉工程的。当灌溉水源充足时,也按照这种灌溉制度来进行灌水。因此,研究制定充分灌溉条件下的灌溉制度有重要意义。常采用以下三种方法来确定灌溉制度。

总结群众丰产灌水经验。群众在长期的生产实践中,积累了丰富的灌溉用水经验。能够根据作物生育特点,适时适量地进行灌水,夺取高产。这些实践经验是制定灌溉制度的重要依据。灌溉制度调查应根据设计要求的干旱年份,调查这些年份当地的灌溉经验,灌区范围内不同作物的灌水时间、灌水次数、灌水定额及灌溉定额。根据调查资料,分析确定这些年份的灌溉制度。

根据灌溉试验资料制定灌溉制度。为了实施科学灌溉,许多灌区设置了灌溉试验站,试验项目一般包括作物需水量、灌溉制度、灌水技术和灌溉效益等。试验站积累的试验资料是制定灌溉制度的主要依据。但是,在选用试验资料时,必须注意原试验的条件(如气象条件、水文年度、产量水平、农业技术措施、土壤条件等)与需要确定灌溉制度地区条件的相似性,在认真分析研究对比的基础上,确定灌溉制度,不能生搬硬套。

---

① 1 亩≈667 平方米

按水量平衡原理分析制定作物灌溉制度。这种方法有一定的理论依据,比较完善,但必须根据当地具体条件,参考群众丰产灌水经验和田间试验资料,使制定的灌溉制度更加切合实际。下面分别就水稻和旱作物介绍这一方法。

1. 水稻的灌溉制度

水稻大都采用移栽,所以水稻的灌溉制度可分为泡田期及插秧以后的生育期两个时段进行计算。

(1) 泡田期泡田定额的确定

泡田定额由三部分组成:一是使一定土层的土壤达到饱和,二是在田面建立一定的水层,三是满足泡田期的稻田渗漏量和田面蒸发量。

泡田定额可用下式确定,即:

$$M_1 = 667H\rho_{干土}(\beta_饱 - \beta_0)\rho_水 + 667h_0 + 667(s_1 t_1 + e_1 t_1 - P_1)$$

式中:M_1——泡田期泡田定额,$m^3/$亩;

$\beta_饱$——土壤饱和含水率(占干土重的百分率);

β_0——泡田前土壤含水率(占干土重的百分率);

H——饱和土层深度,m;

$\rho_{干土}$——饱和土层土壤的干密度,kg/m^3;

$\rho_水$——泡田水的密度,kg/m^3;

h_0——插秧时田面所需的水层深度,m;

s_1——泡田期稻田的渗漏强度,m/d;

t_1——泡田期的天数,d;

e_1——泡田期内水田田面平均水面蒸发强度,m/d;

P_1——泡田期内的降雨量,m。

泡田定额通常参考土壤、地下水埋深和耕犁深度相类似田块上的实测资料确定。

(2) 生育期灌溉制度的确定

在水稻生育期中任何一个时段 t 内,农田水分的变化决定于该时段内的来水和耗水之间的差,它们之间的关系可用下列水量平衡方程表示:

$$h_1 + P + m - E - c = h_2$$

式中:h_1——时段初田面水层深度,mm;

P——时段内降雨量,mm;

m——时段内灌水量,mm;

E——时段内田间耗水量,mm;

c——时段内田间排水量,mm;

h_2——时段末田面水层深度,mm。

为了保证水稻正常生长,根据不同地区水稻生长的不同阶段的需水要求,田面水层有一定的适宜范围,即有一定的允许水层上限(h_{max})和下限(h_{min})。在降雨时,为了充分利用降雨量,节约灌水量,减少排水量,允许蓄水深度 h_p 大于允许水层上限(h_{max}),但以不影响水稻生长为限。当降雨深度超过最大蓄水深度时,即应进行排水。

在天然情况下,田间耗水量是一种经常性的消耗,而降雨量则是间断性的补充。因此,在水量不足时,田面水层就会降到适宜水层的下限(h_{min}),这时如果没有降雨,则需进行灌溉,灌水定额即为

$$m = h_{max} - h_{min}$$

2. 旱作物的灌溉制度

旱作物是依靠其主要根系从土壤中吸取水分,以满足其正常生长发育的需要。因此,旱作物的水量平衡是分析其主要根系吸水层储水量的变化情况,旱作物的灌溉制度是以作物主要根系吸水层作为灌水时的土壤计划湿润层,并要求该土层内的储水量能保持在作物所要求的范围内,使土壤的水、气、热状况适合作物生长。因此,用水量平衡原理制定旱作物的灌溉制度就是通过对土壤计划湿润层内的储水量变化过程进行分析计算,从而得出灌水定额、灌水时间、灌水次数、灌溉定额。按水量平衡方法制定灌溉制度,如果作物耗水量和降雨量资料比较精确,其计算结果比较接近实际情况。对于大型灌区,由于自然地理条件差别较大,应分区制定灌溉制度,并与前面调查和试验结果相互核对,以求切合实际。应当指出,这里所讲的灌溉制度是指某一具体年份一种作物的灌溉制度,如果需要求出多年的灌溉用水系列,还须求出每年各种作物的灌溉制度。本书着重于以水田灌溉可持续发展管理研究,旱作物灌溉制度这里不详细表述。

3.3.2 非充分灌溉条件下的灌溉制度

在缺水地区或时期,由于可供灌溉的水资源不足,不能充分满足作物各生育阶段的需水要求,从而只能实施非充分灌溉,在此条件下的灌溉制度称为非充分灌溉制度。

非充分灌溉是允许作物受一定程度的缺水和减产,但仍可使单位水量获得最大的经济效益,有时也称为不充足灌溉或经济灌溉。非充分灌溉的情况要比充分灌溉复杂得多。实施非充分灌溉不仅要研究作物的生理需水规律,研究什么时候缺水,缺水程度对作物产量的影响,而且要研究灌溉经济学,使投入最小获得产量最大。因此,前面所述的充分灌溉条件下的灌溉制度的设计方法和原理就不能用于非充分灌溉制度的设计。

旱作物非充分灌溉制度设计的依据是降低适宜土壤含水率的下限指标。充分灌溉制度是根据充分满足作物最高产量下全生育期各阶段的需水量设计指标而设计的,用以判别是否需要灌溉的田间土壤水分下限控制指标,一般都定为田间持水率的 $60\% \sim 70\%$。近年来的大量研究表明,土壤水分虽然是作物生命活动的基本条件,作物在农田中的一切生理、生化过程都是在土壤水的介入下进行的。但是,作物对水分的要求有一定的适宜范围,超过适宜范围的供水量,只能增加作物的"奢侈"蒸腾和地面无效蒸发损失。因此,可以通过合理调控土壤水分下限指标,配合农业技术措施和管理措施,达到在获得同等产量下大量减少需水量或者在同等需水量下大幅度提高作物产量,达到节水增产的目的。

采用适宜的土壤水分指标是非充分灌溉制度的核心。对于水稻则是采用浅水、湿润、晒田相结合的灌水方法,不是以控制淹灌水层的上下限来设计灌溉制度,而是以控制水稻田的土壤水分为主。目前淮涟灌区大面积推广的水稻灌溉制度是:插秧前在田面保持薄水层,一般为 $5 \sim 25$ mm,以利返青活苗。返青以后在田面不保留水层,而是控制土壤含水率。控制的上限为饱和土壤含水率,下限为饱和土壤含水率的 $60\% \sim 70\%$。同时还有"薄露"灌溉、"水稻旱种"等技术,取得了更好的节水效果。

3.4 灌溉用水量

灌溉用水量是指灌溉土地需从水源引入的水量,它是根据灌溉面积,作物组成,土壤、水文地质和气象条件等因素而确定的。它是灌区规划、设计和用水管理的基本依据。

3.4.1 灌溉设计标准

灌溉设计标准是指在多年间灌溉水源能按规定保证正常供水的可靠程度。

保证程度越高,要求工程的规模越大,造价越高,反之则小。在一般情况下,并不要求在供水期间全部保证正常引水,而允许有一定程度的供水不足或断水。因此,需要确定一个保证的标准,作为灌溉工程设计规模的依据,这个标准称为灌溉设计标准。中国灌溉设计标准有以下两种表示方法:一是灌溉设计保证率,二是抗旱天数。下面仅介绍采用较多的灌溉设计保证率。灌溉设计保证率是指某个灌溉工程在长期使用中灌溉用水得到保证的年数占总年数的百分数,用符号"P"表示。例如,$P=80\%$就表示在该工程长期运行中,平均100年里有80年灌溉用水可以得到保证;其余20年里则供水不足,作物生长要受到影响。显然,灌溉设计保证率概念明确,可以利用当地的水文气象资料进行统计分析。如果资料系列较长,则结果比较可靠。所以,目前这种表示方法得到了广泛的使用。

3.4.2 灌溉用水设计典型年的选择方法

灌溉设计标准确定以后,就要根据这个标准选择具体的水文年份,作为计算灌溉用水量的根据,这个具体的水文年份就是灌溉用水设计典型年。常用的选择方法有以下几种。

(1) 按年降水量选择灌溉用水设计典型年

根据历年的降水量从大到小排序进行频率计算,选择降水量频率和灌溉设计保证率相同或相近的年份作为设计典型年,以该年的气象资料作为计算灌溉用水量的根据。这种方法只考虑了年降雨量的频率,而没有考虑年降雨量的年内分配情况对灌溉用水量的影响,因此,所得结果往往和实际情况有一定的差异。

(2) 按主要作物生长期的降水量选择灌溉用水设计典型年

统计历年主要作物生长期的降水量进行频率计算,选择降水频率和灌溉设计保证率相同或相近的年份作为设计典型年。这种方法能反映主要作物的用水要求。设计时应选择用水量较大、经济价值较高、种植面积较广的作物为主要作物。

(3) 按降水量年内分配情况选择灌溉用水设计典型年

对历史上曾经出现过的、旱情较重的一些年份的降雨量年内分配情况进行分析、研究,选择对作物生长最不利的雨型分配作为设计雨型。再根据历年的雨量资料进行频率计算,选择年降水量频率和灌溉设计保证率相等或相近的降水量作为设计降水量。然后,按设计雨型把设计雨量加以分配,作为计算灌溉用水量的根据。这种方法采用了真实干旱年的雨量分配和符合灌溉保证率的年降水量,是一种较好的方法。

根据上述方法选择几种不同干旱程度的设计典型年,以这些典型年的气象资料作为计算设计灌溉制度和灌溉用水量的依据。

3.4.3 典型年灌溉用水量及用水过程线

1. 直接推算法

对于任何一种作物的某一次灌水,需供水到田间的灌水量(称净灌溉用水量)W_n(m³)可用下式求得:

$$W_n = mA$$

式中:m——该作物某次灌水的灌水定额,m³/亩;

A——该作物的灌溉面积,亩。

灌溉水由水源经各级渠道输送到田间,有部分水量损失掉了(主要是渠道渗漏损失)。故要求水源供给的灌溉水量(称毛灌溉用水量)为净灌溉用水量与损失水量之和,这样才能满足田间得到净灌溉水量之要求。通过用净灌溉用水量 W_n 与毛灌溉用水量 W_g 之比值 η_w 作为衡量灌溉水量损失情况的指标,称为灌溉水利用系数。已知净灌溉用水量 W_n 后,可用 $W_g = W_n/\eta_w$ 求得毛灌溉用水量。η_w 的大小与各级渠道的长度、流量、沿渠土壤、水文地质条件、渠道工程状况和灌溉管理水平等有关。在管理运用过程中,可实测决定。

2. 间接推算法

某年灌溉用水量过程线还可用综合灌水定额 m_c 求得,任何时段内全灌区的综合灌水定额是该时段内各种作物灌水定额的面积加权平均值,即:

$$m_{c,n} = a_1 m_1 + a_2 m_2 + a_3 m_3 + \cdots$$

式中:$m_{c,n}$——某时段内综合净灌水定额,m³/亩;

$m_1,m_2,m_3,\cdots$——第1种、第2种、第3种……作物在该时段内的灌水定额,m³/亩;

$a_1,a_2,a_3,\cdots$——各种作物灌溉面积占全灌区灌溉面积的比值。

通过综合灌水定额推算灌溉用水量,与直接推算方法相比,其繁简程度类似,但求得综合灌水定额有以下作用:①可以作为衡量全灌区灌溉用水是否合适的一项重要指标,与自然条件及作物种植面积比例类似的灌区进行对比,便于发现综合灌水定额是否偏大或偏小,从而进行调整、修改;②在一个较大灌区的局部范围(如一些支渠控制范围)内,其各种作物种植面积比例与全灌区的情况类似,则求得综合灌水定额后,不仅便于推算全灌区的灌溉用水量,同时可利用它推算局部范围内的灌溉用水量;③对于灌区的作物种植面积比例已根据当地的农业发展计划决定好了的情况,灌区总的灌溉面积还须根据水源等条件决定。

4 灌溉渠系管理

4.1 渠系运行管理

4.1.1 灌溉渠系的检查

（1）常规性检查。常规性检查包括平时检查和灌溉前检查。常规性检查着重检查干、支渠渠道险工、险段和渠堤上有无雨淋沟、洞穴、裂缝、滑坡、塌岸淤积等影响渠系正常灌水情况。还要注意检查路口、沟口及交叉建筑物连接处是否合乎要求。灌溉前期检查主要检查思想、组织、物资及工程等方面的准备落实情况及其措施。

（2）临时性检查。临时性的检查主要包括每次加大流量及恶劣天气后的检查。着重检查有无沉陷、裂缝、崩塌及渗漏等情况。

（3）定期检查。定期检查包括汛前、汛后、封冻前、解冻后进行全面细致的检查，如发现弱点和问题，应及时采取措施，加以修复解决。

（4）灌溉期间检查。渠道过水期间应检查观测各渠段流态，有否阻水、冲刷淤积和渗漏损坏等现象，有无较大漂浮物冲击渠坡及风浪影响，渠顶超高是否足够等。

4.1.2 渠道管理运用的原则要求

灌溉渠道功能正常发挥，要满足以下几个基本要求：一是输水能力符合设计要求；二是水流平稳均匀，满足不淤不冲条件；三是渠道水头损失和渗漏损失量最小，不超过设计要求；四是渠堤断面符合设计要求，岸坡平整；五是渠道内无阻水植物；六是沿渠堤防进行绿化，树木生长良好。为保证渠道正常运行，在渠道管理运用控制上要坚持以下要求。

（1）水位控制。为了保证输水安全，避免漫堤决口事故，渠道水位距戗道和堤顶的超高,应有明确的规定。对风力较大、水面较宽的渠道,超高值中还应计入波浪的高度。

(2)流速控制。渠道中流速过大或过小,将会发生冲刷或淤积,影响正常输水。所以,管理运用时,必须控制流速。总的要求是渠道最大流速不应超过开始冲刷渠床流速的90%,最小的流速应大于不淤流速(一般不小于0.2~0.3 m/s)。引用清水时,流速可降低至0.2 m/s。

当渠道的流速不易控制,对易受冲刷部分应积极采取防冲措施。对渠道易淤部位,注意经常清淤,必要时可根据地形条件,采取裁弯取直,调整纵坡,或增建排沙闸、沉沙池等措施,减少渠道的淤积。

(3)流量控制。渠道过水流量一般应不超过正常设计流量,如遇特殊用水要求时,可以适当加大流量,但是时间不宜过长。尤其是有滑坡危险或冬季放水的渠道更要特别注意,每次改变流量最好不超过10%~20%。冰冻期间渠道输水,在不影响用水要求的原则下,尽量缩短输水时间,并要密切注意气温变化和冰情发生情况,同时组织人员巡渠打冰,清除冰凌,防止流凌堵塞,造成渠堤漫溢成灾。

4.2 渠道运行管理基本措施

4.2.1 防淤

1. 工程措施

禁止让大于0.10~0.15 mm的泥沙进入灌溉渠系。采取的措施主要是:

(1)水源上游全面进行水土保持治理,砌护冲刷河段防止泥沙入渠,在上游的集水面上及受冲刷的河段,采用生物措施及工程措施,并推广小流域承包治理的办法防止水土流失,减少水源的泥沙含量。

(2)在渠道枢纽设置防沙、排沙等工程措施。

①带冲刷闸的沉沙槽,槽内设分水墙、导沙坎,构成一套较强的冲沙设备,按照操作规程,启闭冲刷闸和进水闸,合理运用,防止底沙进渠,这样排沙效果良好。

②排沙闸。在进水闸相距不远的地方,利用天然地形设置排沙闸,将沉积在渠首干渠段内的大颗粒泥沙定时冲走,泄入河道或沟道。

③拦沙底坎。在无坝引水时,底坎设置于进水闸前一定距离的河床上,其高度应为河道中一般水流深度的 1/3 至 1/4,底坎与水流方向应成 20°～30°的角度,底坎长度,应以河道流向及进水闸设计而定,一般原则上是既有拦沙效果,又不影响进水闸引水。在设置底坎时,必须注意加护坎前的河床,防止冲刷,并要定期清除淤积在坎后的泥沙。

④其他设施。其他防止泥沙进渠的工程设施还不少,如导流装置、沉沙池、导流丁坝、隔水沙门等,可根据当地实际情况选用。

⑤混凝土衬砌渠道。采用混凝土 U 形渠槽铺预制板或现场浇筑等办法,减少渠床糙率,加大渠道流速,从而增加挟沙能力,减少淤积。

2. 管理运用措施

(1) 防止客水挟泥沙入渠。傍山渠道经过村庄、道路一般有交叉建筑物或截洪沟槽等,原来设备不齐全的应积极配套齐全。如发生大雨、山洪,应有专人看守,把洪水排走,严防山坡、山沟洪水进入渠道,淤积渠床。

(2) 减少灌溉后多余的水量流入渠道。为了减少入渠的泥沙量,应尽可能地减少计划外的引水量,严格实行计划用水,采取各种有效措施,提高灌溉水的有效利用系数,以便减少渠首引水量,从而减少进渠的泥沙量。

(3) 改变引水时间。就是在河水含沙量小时,加大引水量;在河水含沙量大时,把引水量减到最低限度,甚至停止用水。有些灌区根据多年的实践经验,确定引水含沙量的极限值,如果河水中泥沙量超过极限,即实行停止引水的制度,也起到良好的效果。

3. 清淤

为了保证渠道能按计划进行输水,每年必须编制清淤计划,确定清淤量、清淤时间、清淤方法及清淤组织等。干、支渠清淤,一般由渠道管理单位负责;斗、农、毛渠等田间工程清淤,一般由受益单位按受益面积摊工完成。清淤方法有水力清淤、人工清淤、机械清淤等。选择清淤方法时一般以成本低、用工少、效率高为原则。

4.2.2 防冲

渠道冲刷原因和处理方法有以下几种:

(1) 渠道土质或施工质量问题。渠道土质不好,施工质量差,又未采取砌护措施,引起大范围的冲刷。可采取夯实渠堤、弯道及填方渠段,用黏土、土工编织袋或块石砌护等措施,以防止冲刷。

(2) 设计流速不合理问题。渠道设计流速和渠床土壤允许流速不相称,即通过渠道的实际流速,超过了土壤的抗冲流速,造成冲刷塌岸。可采取增建跌水、陡坡、潜堰、砌石护坡护底等办法,调整渠道纵坡,减缓流速,使渠道实际流速与土壤抗冲流速相适应,达到不冲的目的。

(3) 渠道建筑物进出口砌石护岸长度不够,造成上下游堤岸冲塌,渠底冲深,这是灌区较普遍的现象。改善的办法是增设或改善消力设施,加长下游护砌段,上下游护坡及渠堤衔接处要夯实,以防淘刷。

(4) 有风浪冲击、水面宽、水深大的渠道,如遇大风,往往会掀起很大的风浪,冲击渠岸。其处理办法是两岸植树,减低风速,防止水流的直接冲刷。最好是用块石或混凝土护坡,超过风浪高度。

(5) 渠道弯曲过急,水流不顺。渠道弯曲半径应不小于 5 倍水面宽度,否则将会造成凹岸冲刷。根治办法是:如地形条件许可裁弯取直,适当加大弯曲半径,使水流平缓顺直;或在冲刷段用土工编织袋装土、干砌片石、浆砌块石、混凝土等办法护堤,则效果更好。

(6) 灌水管理不善。渠道流量猛增猛减,流冰或其他漂浮物撞击渠坡,在渠道上打土堰截水、堵水等,造成局部地段的冲刷塌岸,必须严加制止,拆除堵截物,清除流水漂浮物,避免渠道流量猛增猛减。

4.2.3　防渗

1. 渠道表层夯实防渗

适用于黏性土(壤土、黏土、黄土、黑土等)渠道。施工时先将渠道清淤除草,然后翻松土壤,分层夯实,并控制在最优含水量或最大干容重时进行。层间要刨毛,分段接头处削成缓坡交错行夯。如用于渠坡,保护层和防渗层应同时施工。

2. 黏土护面防渗

适用于渗透性较大的渠道。黏土防渗层厚度为 15～30 cm 时,防渗效果较好,但纯黏土膨胀性和收缩性大,易开裂。当黏粒含量超过 50% 时,掺入一定数量砂或砂卵石,可改善上述缺陷。土砂质量比一般为 1:0.7～1:1,黏土含量高时,土砂比可达 1:1.5。防渗层的厚度,对于一般小型渠道采用 10 cm 即可;对于较大的渠道,按水深不同,常用 25～40 cm。施工时,按防渗层设计厚度整修渠床。在渠坡上,为使黏土防渗层与基础结合良好,基础面应刨成深 3～4 cm、间距 10～15 cm 的分格槽。铺筑时,应将黏土粉碎、过筛、加水湿润,并与掺和料拌和均匀,控制含水量为 18％～20％。铺筑时,应先将渠床洒水湿润,再将黏土铺在渠底,并按规定的厚度摊平,其上洒一层 1～2 cm 厚的干黏土或含有砾石的粗砂,待达到最优含水量时,即行夯实,干容重控制在 15～17 kN/m³。对渠坡则采用逐层夯实的方法铺筑,如用人工夯实,每层厚度不大于 10 cm。

用黏土防渗的渠坡,其坡比应不陡于 1∶1.5,防渗层的顶部应用当地材料封顶,防止雨水流入结合面。为防止黏土防渗层因暴晒而干缩开裂,一般应在黏土层外面加铺一层土料或沙砾料作为保护层,厚度一般为 20～30 cm。

3. 混凝土衬砌渠道防渗

混凝土衬砌渠道具有防渗效果好、耐久、糙率小、强度高和适应性强的优点。按其施工方式可分为现场浇筑、预制装配和压力喷射三种。就地浇筑的优点是衬砌接缝少,与渠床的结合好;预制装配的优点是受气候条件的影响小,混凝土质量易保证,并能减少施工与渠道行水的矛盾。混凝土衬砌常用标号为 100～150 号,在有冻害的地区,混凝土抗冻标号可采用 M25～M50(M25 即标准试件在 28 天龄期内经过冻融 25 次,其抗压强度减少值不超过 25％;M50 系冻融 50 次)。混凝土的水灰比,在一般严寒地区不应大于 0.6,寒冷地区不大于 0.65,温暖地区不大于 0.7。

在渠床土质较密实、地下水位较低的情况下,大都采用素混凝土。只有在地质条件特差时,才能用钢筋混凝土。常用的结构形式有以下几种。

(1) 矩形板

适用于无冻胀地区的渠道。板厚一般 4～8 cm。分块尺寸,现场浇筑的大些,一般为 4～6 m²;预制装配的小些,一般为 1～1.5 m²。

(2) 肋形板

适用于冻胀地区。

(3) 槽形

适用于岩石山坡上的渠道。其结构形式有埋藏式和架空式,断面形状有矩形和半圆形等。半圆槽有输水能力大、抗冻胀破坏性能较好、节省材料等优点。

4.3 渠道常见问题处理

4.3.1 渠道沉陷

新建渠道在开始放水时,往往会发生全面沉陷,黄土渠道下沉现象尤为严重,主要是渠堤、渠底土壤孔隙大,湿陷性强造成的。在长期不过水的旧渠道上,由于动植物的活动,也可能产生局部下沉。对于沉陷的渠段部位,必须查明沉陷原因,针对不同情况,彻底处理。

(1)新建渠道放水前需进行泡水试渠,注意观察测量沉陷情况外,再按原设计要求将渠堤加高培厚,并适当地预留超高,以防止再沉陷。经过两年左右时间后使用和雨季湿润沉实,才能基本达到稳定。

(2)对旧渠上出现的垂直沉陷段或深坑,应在停水时进行钻探,探清隐患深度及范围,探清后及时灌浆堵塞或重新翻修夯实。在下一次放水时,仍要注意观察检验处理的结果,如仍有沉陷,再进行处理。

4.3.2 渠堤滑坡

对于土质或土石混合的渠堤、挖方边坡等,在土体失去稳定性时,将出现滑坡现象。

1. 影响渠堤稳定性的因素

(1)渠道的物质组成。有些渠建在抗剪强度比较低的页岩、泥岩黏土、砾石、黄土等基础上,如果边坡过陡,过水后常易产生滑坡。(2)渠道基础的内部结构。渠道基础的内部结构包括不同土石层的结合,岩石中的断层和断层裂隙的倾向等。(3)渠道边坡太陡。由于边坡太陡,形成渠堤抗剪强度不足,因而基土与渠坡体同时滑动。(4)水的作用。渠道渗水、地面水、降水等浸湿渠道土石体,会降低其抗滑力。(5)人为因素。人为因素很多,如设计不合理,渠道选线不当,施工质量要求不严格等,都会造成滑坡。(6)防渗渠道塌坡。混凝土板或浆砌石衬砌渠道,因勾缝脱落后,长期未修复,造成渠水沿缝渗流,防渗层土壤呈饱和或半饱和状态,冬季冻胀严重,部分预制板隆起,春季解冻后,形成大面积的脱缝塌坡,堆积渠底,渠道阴坡尤为严重。

2. 滑坡的预防与治理

(1) 合理选择渠线

选渠线时要注意以下几点。

①傍山(塬)渠道尽量少走容易产生滑坡的山腰,而以渡槽或倒虹吸管直接跨越冲沟为宜。这样可能造价较高,但与长期管理养护经费对比,可能还是经济的。

②采用隧洞代替渠道穿越滑坡地段时,要注意延长隧洞进出口的长度。

③当渠道通过不良土层或石层时,应根据情况放缓边坡,加修戗台,有条件时可用挡土墙式块石衬砌,上盖钢筋混凝土盖板可以彻底防塌。

(2) 按设计要求保证施工质量

①采用正确的施工程序,应采用先上后下的阶梯形断面开挖,切忌先开槽后削坡自下而上的施工方法。对一般渠道。应按设计标准满足土壤稳定的要求。

②填方或半挖半填渠道新老土结合处,应做好清基处理,将清基面做成阶梯形,并清除草根、树根、碎石等杂物,防止产生滑动。

③施工时不宜采用大爆破,以免震坏岩层,加剧节理裂隙,促进滑坡的形成。

④在可能出现滑坡的地段,要及时排水。

(3) 做好渠道的管理运用

①加强滑坡段的检查观察,有滑坡迹象时,应采取削坡减压、砌石护坡、开沟排水、渠岸绿化等措施。

②管好排水系统,使沿渠山坡降水从截水沟或排洪槽等设施流向预定的地方,保证排泄畅通。

③检查渠道衬砌防渗工程,如有损坏及时修复。

④禁止在滑坡体坡脚取土、开石,保持局部土体的稳定。

⑤防止滑坡体受淘刷。当滑坡体坡脚伸入河流中时,应在外坡脚修建挡土墙,一方面防止土体下滑,一方面防止河流淘刷。

⑥渠道放水、停水不能骤涨骤落,特别是大型土渠塑膜防渗渠道,更要防止骤然停水,造成滑坡。

4.3.3 渠道裂缝

1. 裂缝种类和成因

(1) 裂缝的分类与特征

①按裂缝发生的部位分类,有表面裂缝与内部裂缝。

②按裂缝的走向分类,有横向裂缝、纵向裂缝、龟纹裂缝三种。横向裂缝一般在填方或半挖半填的渠段。纵向裂缝一般在渠底或渠坡,也有发生在渠堤顶的。龟纹裂缝一般发生在土料防渗渠表面。

③按裂缝成因分类,有沉陷裂缝、滑坡裂缝、干缩裂缝、冻胀裂缝等。沉陷裂缝多发生于渠床新旧土接合段、渠道与渠系建筑物上下游连接段、渠道大填方段、渠下埋涵管的部位等。滑坡裂缝多发生在土石交界的渠道、半挖半填或盘山开挖渠道以及黄土塬边的渠道等。干缩裂缝多发生在土料防渗、塑料膜防渗土料作保护层的渠道。冻胀裂缝多发生在冰冻影响深度范围以内,也有因冬季放水结冰而引起的,缝深与宽度随气温而异。

(2)影响渠道裂缝的因素

①规划设计方面

A. 沿渠线方向渠基地质条件不同,修渠后压缩变形不同,则相邻两断面易产生不均匀沉陷而引起横向裂缝。

B. 渠道经过河沟大填方工程,渠基虽同,但地形变化较大,有峭壁、倒坡、凸凹的地形等,渠堤填土高差悬殊,形成压缩变形不同,易造成裂缝。

C. 渠道填方下部有刚性建筑物,如涵洞、管道等连接,这些刚性建筑物远比相邻渠基上土壤沉陷小,从而引起裂缝。

D. 渠道经过透水层地段,虽采取截水槽防渗处理,但截水槽的压缩性比两侧自然土基压缩小,截水槽上部渠堤沉陷量比两侧沉陷量小,因而引起裂缝。

E. 渠堤内外边坡设计太陡,抗滑安全系数不够,产生裂缝。

②施工方面

A. 渠线长,一般是分段、分期施工,特别是填方或半挖半填的渠段,各段压实情况不同,结合不好,产生不均匀沉陷。

B. 渠堤、渠底夯打不实,或夯实密度不同,特别是渠道下埋管周围填土夯实不够,形成裂缝。

C. 土渠与渠系建筑物连接部分,由于夯实不够,发生不均匀沉陷,常形成横向裂缝。

③管理方面

A. 渠道水位骤降,渠坡产生较大的孔隙水压力,当达到极限平衡状态时,产生纵向裂缝。

B. 渠顶堆放弃土或弃石等重物,超过荷重,造成裂缝。

C. 衬砌防渗渠道,由于伸缩缝太小或填塞不好,造成纵向、横向裂缝。

D. 渠道长期不过水,可能产生裂缝。因此,应定期放水湿润渠道。

2. 土渠裂缝的处理

渠道裂缝主要有纵缝和横缝。横缝是与渠道轴线垂直的裂缝,一般危害性较大,必须认真处理。平行渠线的纵缝,如果不是滑坡引起的,一般问题较小,但也要认真处理,以免造成不良后果,有些裂缝,可观测一段时间,待裂缝稳定后进行处理,横缝和纵缝一般处理办法如下。

(1) 开挖回填法

开挖回填是处理裂缝比较彻底的办法,适用于不太深的表层裂缝及防渗部位的裂缝。

①处理办法:梯形楔入法,适用于裂缝不太深的纵缝。梯形十字法,适用于渠堤横向裂缝。

②裂缝开挖

A. 开挖长度应超过裂缝两端各 1 m。

B. 开挖深度应超过裂缝尽头 0.3~0.5 m。

C. 开挖槽底部宽度至少为 0.5 m,边坡应满足稳定及新旧接合的要求,一般根据土质、夯压工具及深度等具体条件确定。

D. 开挖前缝内应灌入白灰水,以便掌握开挖边界。

E. 较深坑槽应挖成阶梯形,以便出土和施工安全。

F. 开挖后应保护坑口。避免雨冲、日晒和冰冻,以防干裂、进水或冻裂。

③回填土料

A. 回填土料应根据渠道土料及裂缝性质选用,对回填土料一般应进行物理力学性质试验。对沉陷裂缝应选用塑性较大的土料,控制含水量大于最优含水量的 1%~2%;对滑坡、干缩和冰冻裂缝的回填土料,应控制含水量等于或低于最优含水量的 1%~2%。

B. 原渠道挖出的土料,经鉴定合格后才能使用。对于小裂缝可用原渠道土料回填。

C. 回填前应检查坑槽周围土体的含水量,偏干的应将表面湿润;过湿或冰冻的,应清除后再进行回填。

D. 回填土应分层夯实,每次填土厚度以 10~15 cm 为宜,一般要求压实厚度为填土厚度的 2/3,回填土料的干容重,应比原土体稍大些。

E. 回填时,要将开挖坑槽的阶梯逐层削成斜坡,并进行刨毛,要特别注意将槽边角部位夯实。

（2）灌浆法

较深的裂缝，开挖回填工程量大，可采取灌浆处理，一般采用重力灌浆或压力灌浆，前者浆液自重灌入裂缝，后者除浆液自重外，再加机械压力，使浆液在较大压力下，灌入裂缝。灌浆的浆液，可用黏土浆或黄土泥浆。

①灌浆效果

A. 灌浆对裂缝具有很高的充填能力，不但能灌较宽的形状简单的缝隙，而且能填充宽度小于 1 mm 及形状复杂的裂缝。

B. 不论裂缝大小，灌浆后，浆液与浆壁能紧密结合，同时依靠较高的压力，能使近旁相通的缝隙闭合。

C. 采取灌浆法是处理内部裂缝较理想的措施，应积极推广。

②浆液的配制，应注意以下几点：

A. 价格低廉，就地取材，如黏土、黄土等。

B. 有足够的流动性和灌入性。

C. 凝固过程中体积收缩变形较小。

D. 有足够的强度，并与原土结合牢固。

E. 浆液均匀性和稳定性较好。

F. 浆液掺和的其他材料，应严格按有关的规范规定进行。

G. 黏土浆液的混合比（重量比），一般采用 1∶1～1∶2（水∶固体）。

③灌浆孔的布置。每条缝都应布孔，在长裂缝的转弯处、缝宽突变处及裂缝错综复杂部位，均应布孔。

④灌浆压力。灌浆压力大小，直接影响灌浆质量，要在保证渠道安全的前提下，选用灌浆压力，一般要通过试验鉴定，采用的最大压力应小于灌浆部位以上的土体重量。灌浆压力应由小至大，不得突然增大。

⑤注意事项

A. 对于未作出判断的纵缝，不宜采用压力灌浆处理。

B. 在雨季或渠道高水位运行中，由于泥浆不易固结，一般不宜进行灌浆。

3. 滑坡

衬砌渠道及建筑物出口的两边护岸，常发生滑坡现象，其原因是：

（1）衬砌体背后的土压力过大，土坡高而陡，或土坡上堆放重物。

（2）底部结构不合理或水流冲刷基部。

（3）降水或其他来水侵入土坡，使土壤饱和，土压力增大。

（4）冻胀影响。

处理时可针对滑坡发生的原因,采取改变结构形式、放缓边坡、减少土压力、修建排水沟、铺设垫层等措施。对已发生滑坡的地段,要尽快翻修处理,以防滑坡扩大。

4.4 渠系建筑物管理运用

4.4.1 渠系建筑物的运用

1. 渠系建筑物完好和正常运用的基本条件

(1)过水能力符合设计要求。

(2)建筑物各部分保持完整。

(3)挡土墙护坡和护底均填实无空虚部位,且挡土墙后及护底板下无危险性渗流。

(4)闸门和启闭机械工作正常,闸门与闸槽无漏水现象。

(5)建筑物上游无冲刷淤积现象。

(6)不能长期高水位运行。

2. 渠系建筑物中应注意的几个问题

(1)灌溉期和防汛期均要安排专人轮流值班管理。

(2)对主要建筑物应建立检查制度及操作规程,严格按制度和操作规程进行。

(3)在配水枢纽的边墙闸门上及大渡槽、大倒虹吸的入口处,必须标出最高水位,放水时严禁超过最高水位。

(4)严禁在建筑物附近进行爆破。

(5)禁止在建筑物上堆放超过设计荷载的重物,各种道路距护坡边墙至少保持 2 m 以上距离。

(6)为了保证行人和操作人员的安全,建筑物必要部分应加栏杆,重要桥梁设置允许荷重的标志。

(7)主要建筑物应有管理房,启闭机应有房(罩)等保护设施。重要建筑物上游附近应有退、泄水闸,以便在建筑物发生故障时,能及时退水。

(8)未经水利管理部门批准,不能在渠道中增加和改建建筑物。

(9)根据管理需要,划定管理范围,任何单位和个人不得侵占,并由当地县人民政府发给土地使用证书。

4.4.2　渠系建筑物维修

渠系建筑物常见的损坏现象主要有沉陷裂缝、倾斜、渗漏、滑坡、鼓肚、冲刷、磨损、基土流失沉陷及木结构腐蚀等,现根据灌区可持续发展管理要求,列出笔者搜集损坏现象发生原因及处理方法供工作对照运用。

1. 沉陷

建筑物运行过程中,如发生基础沉陷,轻则影响正常运行,重则破坏甚至倒塌。沉陷的原因及处理方法是:

(1) 地基承载能力较差,一般可采取加固地基的方法,如水泥灌浆加固、地基等,以提高地基的承载能力。

(2) 水流淘刷基础,土壤流失,先采取防冲刷、截渗、增加反滤层等措施,制止继续淘刷,再将淘刷部分填实加固。

(3) 地基如有隐患,应查明原因及状况,分辨情况加以处理。

(4) 应采取防渗措施,也可以在建筑物上下游增设防渗墙以截断渗流,防止继续沉陷。已经沉陷的部位,应按原设计材料加高至原设计高程。

2. 裂缝

产生裂缝的原因归纳起来主要有以下几种。

(1) 温度裂缝。如渡槽立柱、多孔闸的闸墩、管道、桥梁的混凝土栏杆等裂缝,应根据当地具体情况,按照温差的大小,用覆盖物调整温差,或采取增加伸缩缝等办法处理。

(2) 裂缝。如果地基发生不均匀沉陷,引起建筑物整体或局部裂缝,首先对地基沉陷进行处理,然后用沥青或环氧树脂等材料对裂缝进行封闭处理。

发现沉陷裂缝后,必须严加观测,研究掌握变化情况,如地基沉陷已稳定,不影响建筑物安全时,可对裂缝只作封闭处理。

(3) 超负荷裂缝。常出现在桥梁面板和挡土墙面等处,应采取加固措施,并严禁超负荷。

(4) 冻胀裂缝。冻胀引起建筑物裂缝,大部分是混凝土板衬砌工程,板下土壤冻胀向上顶起,致使板面裂缝。

3. 倾斜

倾斜主要是由于地基受冲刷出现了不均匀沉陷,侧压力过大或受力不平衡等引起的,不论局部或整体倾斜,均会妨碍建筑物正常运行和安全。因此,必须加强观测,掌握发展动态,采取加固及整修断面以及开挖周围土基,重新回填等方法处理。

4. 渗漏

(1)裂缝渗水。对于气温变化而引起胀缩或因地基下沉而尚未稳定的渗水裂缝,一般用塑性材料处理,以适应继续变化的要求。常用的塑性材料有沥青、橡胶等材料。其修补方法是将裂缝凿开,清洗,而后用橡胶或沥青麻布填塞,对已经稳定下来,不再受气温变化影响的渗水裂缝,可将修补部位凿毛、湿润处理,然后将拌和好的砂浆抹到裂缝部位,压实养护,或用喷浆防渗。水玻璃是一种较好的防水剂和速凝剂,如与水泥搅拌使用,可以很快地堵塞漏水。

(2)建筑物止水漏水。如闸门止水橡胶、伸缩缝内填料、止水橡皮及止水铜片的损坏等,要及时修理更换。

(3)建筑物施工质量差而漏水。如砖石砌体灰浆未填实,勾缝不密实,混凝土制品未捣固,管道接头封闭不严等发生漏水。一般处理办法是用水泥砂浆抹面、喷浆、涂抹沥青和用沥青油麻、石棉水泥等填塞,建筑物破坏严重的,则应大修改建。

(4)建筑物基础渗漏。其主要原因是上游水头过大,防渗设施破坏或没有防渗设施;或基础土质松散、破碎、透水性较强等。处理办法是:降低上游水位;修复或增加防渗设施,如在上游铺黏土覆盖、修建截水墙、打防渗板桩、进行帷幕灌浆等,以减少或截堵渗漏量。对较大建筑物,应在基础下游加强反滤设施以降低渗透压力,防止基础土粒的流失。

5. 冲刷与磨损

建筑物投入运行后,常在上下游发生不同程度的冲刷,特别是渠系建筑物下游护底及护坡、护岸工程坝头和坝脚等,在高速水流部分多发生冲刷磨损。

(1)建筑物进出口与土渠相接的地方冲刷,其主要原因是水流断面、流态变化,流速加大,消能不够等。冲刷较严重的可采取边坡、渠底加糙,加深齿墙,延长护砌段,加大或增设消能设施等办法处理。对流速不大、塌岸严重地段,可采用打桩编柳等生物措施,也可用土工编织袋装土或块石护砌防冲。

(2)跌水、陡坡下游冲刷,主要原因是跌口单宽流量过大,消力池长度、深度不够或型式不良,渐变段太短,连接不顺直等。解决办法是:

①对下游冲刷段进行砌石护砌。

②加长、加深消力池,对消力设施进行改善。

③结合渠道防渗,对下游渠道护砌。

（3）高速水流对建筑物磨损。陡坡、跌水的陡坡段,泄水闸、冲沙闸的闸底等部位,由于长期承受高速水流冲刷,常发生严重的磨损。可用高强度水泥砂浆填实抹平或喷浆修平。抗磨能力较高的部位,可用环氧树脂等耐磨材料涂抹。

4.4.3　水闸常见问题检修维护

在灌区管理运行中,水闸是最常见的渠系水工建筑物,本书从运行管理角度考虑,这里主要分析水闸及启闭设备常见问题的检修和维护,以保证灌区管理及水源调度工作正常运行,实现灌区管理可持续发展,对于水闸其他问题,建议参考相关管理指导用书。

闸门（包括斗门）是控制渠道流量和水位的建筑物,面广,量大,操作频繁,一定要有专人管理,严格执行操作规程和养护制度。

1. 闸门启闭时的一般要求

（1）启闭闸门时,不应导致闸门发生不正常水流状态,如冲刷、淤积等现象。

（2）建筑物安全无损。

（3）闸门不能长期处于高速振动状态。

（4）闸门启闭灵活。

（5）闸前壅水高度不得超过设计水位。

2. 闸门启闭方法

（1）多孔式闸门

①把闸门分成两组（奇数孔为一组,偶数孔为另一组）,开启时先开一组,后开另一组。如开启高度较大,应分组逐步逐次开启到一定高度,然后将全部闸门升至规定高度。关闭时操作程序与上法步骤相同。

②先开中孔,然后对称地开至边孔,如开启高度较大,应分别逐次提高到预定高度,闭闸时则先从两边开始闭闸,而后至中间闭闸。

③全部闸门慢慢地同时启闭,由小到大,效果良好。

④与河水流向近似平行的闸可先开启下游闸的边孔,逐次向上游开至边孔,闭闸时可先闭上游边孔,再逐步向下游关闭。

（2）分水闸、泄水闸（排沙闸）与节制闸联合运用的方法当分水闸、泄水闸(排沙闸)与节制闸联合运用时,应先开分水闸或泄水闸,然后根据分水、泄水要求,开全部或部分节制闸,或者同时缓开缓闭,互相配合进行,避免发生渠道壅水漫堤事故。

3. 启闭闸门应注意的问题

(1)启闭前对启闭机是否灵活,丝杠有无损坏、扭曲,闸门、闸槽有无阻碍、破损等进行检查。

(2)放水前各闸孔均应试行启闭一次。

(3)闸下游无水或上、下游水头差过大(超过1m)放水时,应逐步放大流量,并尽可能设法逐渐提高下游水位,以便消能防冲。

(4)闸门启闭时,如发现启闭不灵、声音失常等异常现象时,应及时检查修理,如发生故障时,严防强行操作,以免损坏机件。

(5)闸门与闸槽应密切配合,以防漏水。闭闸时,应注意消除闸底上的碎石、树根等杂物,不得用力下压,以免关闭不严,甚至损坏闸门及启闭机。

(6)闭闸过程中应注意随时观测闸门开度标尺,以免闸门落到闸底时,仍继续旋转摇臂,压弯丝杠或损坏闸台。同时,当闸门快落到底时,要降低下降速度,以免下降过猛,损坏机件。

(7)所有闸门、斗门的启闭操作,指定专人负责,摇把、钥匙要妥善保存,严禁随意开关。

4. 启闭机械应具备的安全措施

(1)启动机械应灵活、准确、可靠。传动部分,钢丝绳、丝杠等构件,防止松动、变形、断丝,并经常涂油润滑防锈。

(2)电源、照明、通信设施等,应经常处于良好状态,使其运用灵活,安全可靠。

(3)机电设备重要部分要有防尘、防雨的护罩设备,较大的要有专用闸房。

(4)为了使闸开关有准确安全的位置,应在丝杠上、闸槽上画有明显的标志、标尺。

5. 闸门、启闭机的养护

对闸门、启闭机械、机电动力、通信、照明等设备,必须进行经常性维护和定期检修,保持设备良好,运转正常。

(1)闸、闸门及启闭机,要经常保持清洁,随时清理闸前淤积,启闭机件要定期擦洗、检修、上油及防腐、防锈等。

(2)临河闸前要安置拦污栅,以拦截杂草树木、冰凌等漂浮物入渠,并有专人打捞,防止堵塞闸门、闸槽。

(3) 冬季结冰时,应经常在闸前打冰,打开一条离闸前 $1\sim2$ m 宽缓冲带,以减轻因冰冻胀对闸门的冲击破坏。

(4) 闸前、闸基如发现渗漏、管涌,闸身出现裂缝、沉陷等情况,应即停水观察检查,分析原因,进行处理。

(5) 闸门、启闭机械、机电设备、通信设施等,应定期检修,经常维护、操作及运行范围内不得堆放杂物。

(6) 钢木结构的闸门,应定期油漆,防腐防锈。闸门滚轮、吊索、弧门支铰等活动部位应定期清洗,加油润滑。如闸门发生变形、杆件弯曲或断裂、铆钉或螺栓松动,均应立即修复。部件或止水设备损坏时,应及时修理或更换。

(7) 钢丝网水泥闸门应经常清理表面泥垢及苔藓等水生物。如有保护层脱落、露筋、露网等,应用高标号水泥砂浆或环氧砂浆修补。

(8) 橡胶坝袋应定期涂防老化剂,打捞坝前漂浮物,防止刺伤坝袋。坝袋如有损坏、脱胶等现象,应及时修补。坝袋锚固装置、压板、螺栓、螺帽等如有松动、变形或损坏,必须立即旋紧补齐。

(9) 每次放水前后,应进行大检查,及时修理,主要检查项目是:

①闸门、闸孔、底板有无磨损、冲刷和裂缝等现象。

②闸底伸缩缝上的盖板是否完整,紫铜片等隔水板是否损坏,填料是否充满。

③闸门上防漏止水橡皮是否完整,接头是否完好,启闭机械是否灵活,止水设施有无损坏,转动部分有无积尘、缺油现象。

(10) 有些简易闸的木质活动闸板,应编号防腐,并按顺序放置保管好,防止日晒雨淋。

6. 闸门、启闭机械的维修

(1) 防腐

木制闸门必须做好防腐处理。其办法一般是采用涂油漆或用沥青浸煮,也可以采用其他防腐剂处理,如氟化钠、氟矽酸钠、氟矽酸铵等水溶防腐剂及葱油、木馏油、煤焦油等防腐剂等。

(2) 防锈

防止钢铁闸门锈蚀,一般用以下方法:

①油漆防锈。

②柏油水泥防锈。

③喷锌防锈。

（3）防冰

冬季严寒地区，冰冻对闸门危害性很大。因此，冬季应做好闸门的防冰凌工作。

①在距闸门 2 m 左右处，经常用锤、冰铲等工具打开冰层，防止冻结。

②为了保护闸门的正常运用，在冰层打开后，应及时清除闸门上的冰块，并经常活动闸门，一般可在提闸前采用热水淋浇闸槽或轻轻敲打闸门的办法，使冰块脱落。

③当流冰过闸时，在可能的情况下，应将闸门全部打开，以减轻壅冰及冰块对闸门冲击磨损作用。

④较大闸门可采用空气压缩机，将空气打入冰层以下，使下部温水翻至表面防止冰盖形成。

⑤当气候严寒，流冰严重时，应停止引水，以免壅冰决口。

（4）防漏

防止闸门漏水，关键是做好防漏水设备的维护工作。止水设备一般置于闸底和两侧闸槽，止水设备既要封闭好不漏水，又要摩擦力小以减轻启闭动力。闸底漏水处理的方法有两种：一种是在闸底部嵌砌木块；另一种是在闸底部装设橡皮止水带。后者比前者止水效果好。

闸门两侧防漏，大部分采用橡皮止水，橡皮硬度要适宜，要符合设计尺寸，安装要注意质量和精度，平时要经常检查松动、损坏和丢失等现象，止水铁部件要注意防锈处理。

5 排水系统管理

5.1 排水系统一般管理要求

排水系统调控地下水位,保障农作物健康成长,它与灌溉系统一样重要。在讨论排水系统管理要求的基础上,分析排水系统变形损害原因,加强排水系统的检查、维修和监督。灌区排水沟(渠)的作用是排泄地面径流,降低或控制地下水位,以免造成对农作物的危害。它是灌区防洪、排涝、防渍和防治土壤盐碱化、沼泽化的重要工程设施。排水沟(渠)与灌溉渠道对农作物来说,具有同等的重要意义。因此,对排水系统,应与灌溉渠道一样重视,加强管理养护,使之充分发挥效益。排水系统管理的一般要求是。

(1)排水系统建成后,根据统一领导、分级管理的原则,建立管理组织,将所辖范围内的排水系统(包括干、支、斗沟等)全部分段分级管理起来;灌区内的排水系统由灌区管理单位对灌排系统进行统一管理。

(2)经常检查维修、养护,定期清淤、整修工作,使排水系统畅通无阻。

(3)按设计要求,保持排水沟(渠)断面标准。

(4)含沙量大的地面径流或灌溉余水不得退入排水沟(渠)内,防止淤积。

(5)不得向排水沟(渠)内倾倒垃圾、杂物,定期清除杂草及渠底灌木,以防阻水淤积,影响排水。

(6)设计并修建田间排水沟(渠)的排(退)水建筑物,防止冲刷渠堤。

(7)有计划地修建控制性建筑物,不得任意关闭,防止壅水淤渠。

(8)严禁在排水沟渠上打坝堵水,使上游土地受涝、减产。

(9)建设各种桥梁、涵洞、渡槽陡坡、跌水、牲畜饮水处等建筑物,不断完善排水系统。

(10)排水系统的干、支沟渠两旁,植树造林,绿化环境,固堤保沙,防止水土流失、破坏沟渠岸坡。

(11)根据管理的需要,依据相关规定划定工程管理范围。管理范围内的土地,任何集体或个人不得随意侵占。

5.2 排水系统工程常见变形与毁坏

排水渠系工程因年久失修,常会发生各种不同程度的变形毁坏,主要是坍塌淤积。一般来说,沙壤土地上的明式排水网的变形较重壤土或黏性土上的排水网变形严重。

排水渠系网建成后变形的原因有自然形成和人为造成两个方面,有些明式排水渠道投入使用后由于渠床土壤质地、地下水状况、气温冻胀等不同情况而变形。有的排水渠系设计施工中对流速、泥沙、冻胀等因素考虑不周,在运用过程中,形成变形。有的管理运用过程中由于人为堵塞、拦截、破坏等,也会造成局部变形损坏。排水系统变形情况及其发生原因分析如下。

1. 排水系统变形情况

(1)排水时腐殖土层的沉陷。

(2)滋长阻水作物。

(3)出现淤积沟底或横断面现象。

(4)使沟渠横断面增大,形成沟道弯曲。

(5)沟道边坡系数选择不当,或风化和冻融等作用,形成沟堤坍塌变形,影响正常排水。

2. 排水渠系变形的原因

(1)在排水过程中,随着腐殖质土壤不断淤积,并不断发生物理和化学变化逐渐形成沼泽性土壤,形成饱和或过饱和状态,随着排水沟道的开挖和长期的排水,沼泽性土壤便自行固结,并发生沉陷,致使排水渠深度减小,宽度增大。

(2)有些沼泽化或盐渍化的土壤黏结性不均匀,在风化与分解作用下,将会丧失其黏结性,沟渠的边坡便会发生脱坡现象,使沟渠断面丧失了它原来的形状。

(3)深挖方形的沟渠,沟渠底穿越多种不同的土壤层,在地下水溢出处便可能发生土粒被地下水带出的现象,逐渐形成渗透变形,最后坍塌在沟渠槽内,沟道的过水断面被坍塌的土块淤塞甚至阻断。

(4)沟渠底的破坏常常是由于上级排水沟渠与下级沟渠底衔接的不合理而引起的,如果下级排水渠正常水位低于上级排水沟的水位,则会造成跌流,这种跌流将会沿沟逐渐向上游发展,冲刷沟道,如不及时增建跌水或陡坡,就会造成排水沟道的严重冲刷。

（5）人为导致的排水渠变形包括设计不正确、施工不良及管理不善等方面。设计和施工方面，主要是选择渠道的边坡或纵坡不适当；管理方面，最常见的变形是在排水渠内填筑临时行车桥、人行便桥、拦水坝、岸坡违章耕种等，造成渠床的严重堵塞。

5.3　排水系统养护

5.3.1　排水系统的检查养护

（1）在春灌前，对排水系统的各级渠道及其建筑物应详细检查登记，编制岁修计划，报请有关上级水行政部门批准后，分别按先后次序，在灌溉前完成。

（2）在汛期前要做好排洪、泄洪前的准备工作。以保证汛期能及时泄洪排涝，防止洪涝灾害的发生。

（3）在夏季灌溉期间（水稻灌溉期间），对排水系统出现塌坡、淤积、溃口等情况及时排除，要及时清除渠道底、边坡戗台和弃土堆上的杂草和灌木。

（4）在汛期过后应对排水渠系及其建筑物进行汛后检查，根据损坏情况进行大修或小修。

（5）清除渠道中一切临时落入水流中并阻碍水流的物体，如植物根、茎、叶、土块、乱石、砖瓦、垃圾等杂物。

（6）应及时拆除各种阻碍水流运行的临时建筑物。

（7）清除闸孔桥孔、涵管口及拦渠土堤中泄水口的淤泥和淤积漂浮物等。

（8）清除各沉沙池的淤沙及堵塞在池中的其他物体。

（9）堵好、填实沿排水系统的灌溉田块向排水渠泄水的冲沟、土口。

5.3.2　排水系统维修

1. 小修

小修是排水系统管理养护中日常养护工作，一般由渠道专职管理人员或农村管护员负责完成。小修一般包括以下工作。

（1）清除排水沟渠中的杂草、灌木树根、树桩和漂浮在沟道中的乱木、乱草、砖石块，挖除阻碍水流的土堰，并注意清除为了行人和车辆跨越沟道而扔下去的砖石块、枯枝、秸秆等。

（2）清除放水喇叭口、涵管口、桥孔、闸孔等附近的杂物。

（3）对排水沟道衬砌护面、便桥、行车桥及其他建筑物进行检查，发现问题及时修补。

（4）做好灌溉前的一般准备工作。

（5）维修沟道受冲刷的部位，加固个别冲刷部位等。

管理排水沟道与管理灌溉渠道一样，应经常分段分工，安排专人巡查，发现问题，要经常地、系统地实施小修小补，以保持排水畅通。

2. 抢修

抢修工作大都发生在非常洪水（涝水）通过以后，险工往往出现在沟道或承泄河流的弯道水流顶冲处，若不及时抢修堵复将会给附近道路、桥梁、水闸等建筑物造成很大的危害。在灌排前，应对排水沟渠进行研判，应在可能发生的险工地段，备好一定的抢险器材，如发现紧急事故，必须组织力量，进行抢修。修理范围和重点，应根据具体损坏的程度与地点来确定，并报上级主管部门核查。

3. 大修

排水系统的大修是根据排水沟系各部分损坏的情况或规定的大修年限而进行的。对需要进行大修理或大清淤整修的沟渠，应进行纵横断面的测量，调查各段和各地边坡、沟底、戗台和弃土堆上杂草生长的情况，承泄河床冲刷或淤积变形地点和性质、各段淤积泥沙及形成浅滩、沙洲、沙嘴等的地点和性质，并注明全渠损坏处的准确桩号和分布情况。

在调查排水沟上建筑物时，应调查主要建筑物分布状况和损坏程度，分析原因及制订修复方案等。具体来说大修工作包括以下几个方面。

（1）土方量较大的沟道、河道的清淤整修工程，使它们有必要的过水断面、深度和纵坡。

（2）整修或改建计划包括由于原设计、施工没有考虑到的多种因素所造成较大损坏或变形，达不到原设计效果等情况。

（3）修理或改建各类建筑物的局部或全部，使之符合实际运用的要求。

（4）修建或改建沟渠，增加或填塞不必要的沟渠，新修或改建调节闸，增建或改建排水网上的观测设备。

排水沟渠大修工程经过勘察、调查、测量后，填写各项文件（包括建筑物损坏明细表，渠道纵横断面图，建筑物局部测量图等），然后编制大修工程设计。其设计包括：排水系统工程示意图，并在图上标明应大修的地段和建筑物；应修理地段的纵横断面图,并注明应完成的工程量;渠道和承泄区的综合损坏明细调查表,修理和改建说明书和预算;各种建筑物损坏明细表及改建设计图和预算书、施工设计及说明;投资明细表以及设计的说明书等。

5.3.3 排水系统的监督检查

排水系统的监督检查工作,是灌区可持续发展管理日常性工作,使其经常处于完好的状态,发挥应有的效果。排水系统的监督检查应包括以下几项。

(1) 建立排水系统与其建筑物保护的规章制度,并检查执行情况。

(2) 巡查排水系统及桥梁、涵洞与其他水工建筑物,发现问题,要及时报告,并采取安全措施。

(3) 禁止未经处理的有毒污水排入沟渠,对于排入的污水要及时治理。

(4) 如遇较大的旱灾,在排水沟中,可借用节制闸等建筑物,调节沟中水位,以提高附近的地下水位,便于农作物从根系中吸取地下水。

(5) 从沼泽地排出的水,一般水质较好,如地形许可,可在下游设闸拦水,自流引用或提水灌溉农田。

(6) 确定专人,定期观测记录沟渠水位和地下水位,形成档案资料。

6 灌区管理体系

6.1 灌区管理体制

6.1.1 灌区管理的重要意义

灌溉排水是农业发展的命脉,国家粮食安全的基石。中国已建成大型灌区 459 处,中型灌区 7 300 多处。以灌溉为主的规模以上泵站 9.2 万座,灌溉机井 496 万眼,固定灌溉排水泵站 43.4 万处,除涝面积达 3.57 亿亩,中国节水灌溉工程面积达 5.14 亿亩,微灌面积 9 425 万亩,居世界第一。灌区对满足中国 21 世纪 14 亿人口的粮食需求,保证粮食安全具有举足轻重的作用,对中国国民经济持续、稳定、健康发展具有重要的保障作用。

通过灌区建设及运行管理,可以充分挖掘现有水利设施的潜力,合理调配水资源,实行计划用水,科学用水,节约用水;通过优化调度,精准调度等灌区管理技术,可以明显提高水的利用系数,从根本上改变了农业生产条件,实现灌区遇旱能灌、遇涝能排、旱涝保收,能够有效地解决水土资源分布不均衡的问题。为农业产业结构调整、农业增产、农民增收打下了基础,为发展农村经济创造了条件。同时还可以通过沟、渠、田、林、路、村庄等的综合整治,改善灌区生态环境和灌区面貌,为建设现代化新农村,实现农业机械化打下了基础。

6.1.2 灌区分类

灌区有多种不同的分类方法,最常见的有下列 4 种。按受益面积和建设规模分类:目前有两种不同的分类标准。一种是中国在灌区管理和统计上通用的分类标准,即灌溉面积在 2 万 hm² 及其以上的为大型灌区,2 万 hm² 以下到 667 hm²(1 万亩)的为中型灌区,667 hm²(1 万亩)以下的为小型灌区。另一种分类标准是国家计委、国家建委、财政部 1978 年颁发的《关于基本建设项目和大中型划分标准的规定》，将设计灌溉面积 3.33 万 hm²（50 万亩）以上的灌溉工程作为大中型建设项目，小于 3.33 万 hm²（50 万亩）的为小型建设项目。这种划分标准只适用于水利基本建设的审批、投资管理工作。按管理体制分类：大致可分为三种类型，即国家管理、集体管理和个人管理。按灌溉水源和引水方式分类：一般可分为自流引水灌区和提水灌区两大类。

6.1.3　灌区管理的行政机构及领导体制

《中华人民共和国水法》（以下简称《水法》）规定"国家对水资源实行统一管理与分级、分部门管理相结合的制度"，"国务院水行政主管部门负责全国水资源的统一管理工作"，"县级以上地方人民政府水行政主管部门和其他有关部门，按照同级人民政府规定的职责分工，负责有关的水资源管理工作"。根据上述规定，灌溉管理工作的行政主管部门为水利部及地方各级政府的水行政主管部门。根据水利部 1981 年颁布的《灌区管理暂行办法》第 4 条规定，国家管理的灌区"凡受益或影响范围在一县、一地、一省之内的灌区，由县、地、省负责管理，跨越两个行政区划的灌区，应由上一级或上一级委托一个主要受益的行政单位负责管理。关系重大的灌区也可提高一级管理。"这里不仅规定了灌区受益范围在一县以内的由县管，跨县的由地（市）管，跨地（市）的由省管；同时还规定对一些特别重要的灌区，如灌溉面积超过 2 万 hm² 的大型灌区以及在防洪排水、引水对相邻地区有严重影响的灌区或水源工程在相邻地区的灌区，可以根据实际需要由上级政府决定，提高一级管理。而对一些虽然涉及两个以上地区，但其主要受益区在一个地区的中小型灌区，则可由上级政府通过与受益县（市）协商，委托给主要受益县（市）负责管理，有关县（市）可通过灌区管理委员会等权力机构参与管理。

对集体或个人举办的小型灌溉工程，则由县、乡人民政府及其水行政主管部门（县水利局及区、乡水利管理站）依法进行行政管理和业务技术指导。

6.1.4　灌溉工程设施的归属

根据《水法》及国家其他有关涉水法律法规的规定，对灌溉工程的所有权与使用权可做如下理解。

（1）一切灌溉工程的兴建都必须服从流域和区域的水利发展规划的要求，

必须经过政府主管部门的批准。

（2）一切直接由天然水源（包括地下水和径流水）取水的灌溉工程，需要得到水行政主管部门的同意，并按有关规定办理取水许可证；从水库或其他人工水源工程取水的灌溉工程，则应征得水源工程管理单位的同意和上一级水主管部门的批准，并按规定缴纳水费或水资源费。

（3）灌溉工程设施一般是谁投资，谁使用，谁管理，并可按照当地政府的规定，向用户收取水费。从当前实际情况看，一般大中型灌溉工程为国家所有，归国家管理；也可以根据有利于灌区发展的需要，采取承包制、股份制等形式进行经营管理。一般较小的灌溉工程则多为集体所有，由集体管理。由一户或几户农民投资兴建的机井、塘坝、小抽水机站，由农户管理、使用。

（4）凡是与土地直接相连的工程设施，如渠道、闸坝、塘库、水井及其附属的水工建筑物，应根据土地使用权的转移而转移，并给原兴修者以适当补偿。而一般可以移动的灌溉措施，如动力机、水泵、喷灌机等则不属于必须转移之列。

（5）一切经政府批准，合法兴建的灌排工程，国家依法保护其所有权、使用权和按规定向用水户收取水费的权利，并根据当地政府的有关规定，划定必要的管理区和保护区。

6.1.5　灌区管理机构的设置及运行机制

国家管理的灌区按渠系实行统一管理、分级负责的原则，采取专业管理与群众管理相结合的管理体制，以专业管理为骨干、群众管理为基础，同时充分发挥民主管理组织的决策和监督职能。灌区运行机制特指灌区管理机构内部管理单元设立、管理层级划分、职责职能界定、工作方式、激励措施等相互关联、相互影响并处于动态变化的管理与评价体系。

1. 专业管理组织

专业管理组织特指经水行政部门提出方案，由财政部、发改委、编制办会审，县以上人民政府批准设立的管理单位及其组织机构。专业管理组织代表国家，对灌区内除集体全额投资兴建以外的一切水源工程、取水枢纽工程、支渠以上渠系工程实施管理。在统一管理、分级负责的原则下，各级人民政府批准设立的管理组织与机构编制不得超过上级人民政府批准的等级与限额。已经设立的专业管理组织也要按精简、高效的原则，参照标准，减少管理层级、合理定量、科学设岗、有效兼岗、有序分流、分类转化。专业管理组织是灌区常设的管理机构，全面负责灌区的日常管理工作。

2. 用水户集体管理组织

用水户集体管理组织过去通称为群众管理组织。其组织形式有支(斗)渠管理委员会、农民用水者联合会、用水户协会、水利站承包管理、委托个人承包管理、租赁承包管理、拍卖管理等。各地根据不同管理需要，确定不同的形式。通常用水户集体管理组织的主要职责有：

(1) 负责组织斗渠及其以下渠系建筑物和田间工程的管理与维护。

(2) 负责灌区区域用水计划的编制、申请，配水、送水、管水，维持用水秩序，处理用水纠纷。

(3) 负责对各用水户的用水量、水价、水费进行核算、公布、计收。

(4) 负责组织田间灌溉技术的推广与管理。

(5) 负责组织管理、维护费用的预算编制和决算报告，提出议事提案。

6.2 灌区专业管理组织

6.2.1 专业管理机构的设置

(1) 根据《灌区管理暂行办法》第 7 条规定："国家管理的灌区，属哪一级行政单位领导，即由哪一级人民政府负责建立专管机构，根据灌区规模，分别设管理局、处或所。"第 5 条规定："以灌溉为主的水库及其灌区，一般设统一的管理机构进行管理。水库及水利枢纽工程规模较大、影响重大或与灌区距离较远的，在上级水利主管机关统一领导下，分设管理机构进行管理。较小河流或同一河段上有多处用水关系密切的灌区，可以按河系或河段建立机构，统一管理。"

(2) 为了便于行使行政管理职能，灌区专管机构应根据灌区大小、任务繁简和灌区的重要性确定其级别，并配备相应的领导干部。具体设置由各省、自治区、直辖市政府根据实际需要确定。

(3) 灌区内部的管理体系，中型灌区可设处、所(或站)两级管理(为管理方便有的可以在所下设管理段，作为所的派出机构)。大型灌区可设局、处、所三级管理。特大型灌区可设总局、局、处、所四级管理。

(4) 灌区专管机构的人员编制，由水利主管机关按照《水利工程管理单位编制定员试行标准》提出定编方案,报上级领导机关批准后执行。

(5)灌区管理机构的职能科室,按照给定的人员配置,制定相应的规章制度,做到各司其责,各急其责。

6.2.2　专业管理组织的任务和职责

专业管理组织是灌区常设的管理机构,全面负责灌区日常管理工作。其主要职责如下。

(1)宣传、贯彻国家的有关方针、政策、法规;贯彻执行上级主管部门的有关规定、指示以及灌区联合组织或上级其他交办事宜。

(2)建立健全灌区各级专管机构和群众组织,推行岗位责任制。加强培训,努力提高职工的政治和业务素质;积极采用先进的工作方法和信息化等科技手段,提高科学化管理水平和工作效率。

(3)及时对灌区工程进行检查、维修、养护和技术改造,保证工程设备的完好和正常运行。

(4)不断改进灌排技术,优化水源配置方案,减少水量渗漏损失,努力提高水的利用率。

(5)建立健全灌区民主管理体制,吸收受益农民和有关单位的代表参加管理,推动灌区管理可持续发展。

(6)开展灌区高产、优质、高效、节水、节能的科学研究,建立灌区试验站,做好灌溉试验和技术推广工作。

(7)加强灌区绿化、水源保护、防止污染等工作,提升灌区产品质量。

6.2.3　专业管理组织的人员配置

(1)行政领导

灌区的主要行政领导干部,应根据灌溉面积的大小、影响范围和管理工作的繁简,配备级别适当的干部,以利于开展工作。灌区直管的处、所(站)主要领导干部的配置标准,也应根据灌区面积大小及所担负任务轻重配置。

灌区管理专业组织岗位设置及人员配置,根据灌区的规模,来配置的岗位类别和配置人员数量也不同,作者在此仅从岗位分类、主要职责要求和配制的人员条件作阐述。有关具体设置要求,请参阅有关规范,结合具体工作要求进行设置。

（2）主要技术干部

大型灌区管理单位应设总工程师、总会计师（或总经济师）和总农艺师（或主任农艺师）。中型灌区管理单位应设主任工程师、主任会计师和主任农艺师。小型灌区也应适当配备工程师和会计师，至少也应配备助理工程师和助理会计师一级的技术人员负责工程和财务工作。

（3）技术人员的构成

灌区管理单位的业务管理人员中，工程技术人员的比例一般应占 50％左右，提水灌区和水库灌区技术人员所占比例应当更大一些。

6.2.4 专业管理岗位责任与任职条件

1. 行政负责岗位

（1）主要职责

①贯彻执行国家的有关法律、法规、方针政策及上级主管部门的决定、指令。

②全面负责行政、业务工作，保障工程和灌溉排水运行安全，充分发挥工程效益。

③组织制订和实施单位的发展规划及年度计划，建立健全各项规章制度，不断提高运行管理水平。

④推动科技进步和管理创新，加强职工教育，提高职工队伍素质。

⑤协调处理各种关系，完成上级交办的其他工作。

（2）任职条件

①水利类或相关专业全日制大专毕业及以上学历。

②取得中级及以上技术职称任职资格，并经相应岗位培训合格。

③掌握《中华人民共和国水法》等国家有关法律、法规、方针政策；掌握水利工程管理的基本知识；熟悉相关技术标准和灌区基本情况；具有较强的组织协调、决策和语言表达能力。

2. 技术总负责岗位

（1）主要职责

①贯彻执行国家有关法律、法规和相关技术标准。

②全面负责技术管理工作，掌握工程运行状况，保障工程安全和效益发挥。

③组织制订、审查、实施灌区发展规划与年度计划。

④组织制订灌溉排水调度运行方案、工程技术改造方案和养护修理计划；审定工程、设备操作运行规程；组织重要工程检查、安全评价技术咨询和项目验收；审查防洪和事故抢险技术方案；组织应急抢险、抢修。

⑤组织开展有关工程管理的科技开发和成果的推广应用，指导职工技术培训、考核及科技档案工作。

（2）任职条件

①水利或土木工程类全日制本科毕业及以上学历。

②取得工程师及以上技术职称任职资格，并经相应岗位培训合格。

③熟悉《中华人民共和国水法》等有关法律、法规和相关技术标准；掌握灌溉排水规划、工程设计、施工和管理等专业知识；了解国内外灌区管理科技发展动态；具有较强的组织协调、技术决策和语言文字表达能力。

3. 财务总负责岗位

（1）主要职责

①贯彻执行国家财政、金融、经济等有关法律、法规。

②负责财务、会计（审计）、物资管理以及资产管理。

③组织制订并实施经济发展规划和财务年度计划，建立健全资产管理的各项规章制度。

④负责财务与资产运营管理工作。

（2）任职条件

①财经类大专毕业及以上学历。

②取得会计师或经济师及以上技术职称任职资格，并经相应岗位培训合格。

③掌握财经方面的有关法律、法规和专业知识；熟悉水利工程经济活动的基本内容；具有指导财务与资产管理工作的能力。

4. 行政事务负责与管理岗位

（1）主要职责

①贯彻执行国家的有关法律、法规及上级主管部门的有关规定。

②组织制定各项灌区管理规章制度并监督实施。

③负责管理行政事务、文秘、档案等工作。

④负责并承办行政事务、公共事务及后勤服务等工作。

⑤协调处理各种关系，完成领导交办的其他工作。

（2）任职条件

①高中毕业及以上学历，并经相应岗位培训合格。

②熟悉行政管理专业知识；了解灌区管理的基本知识；具有较强的组织协调及较好的语言文字表达能力。

5. 工程管理负责岗位

（1）主要职责

①贯彻执行国家有关法律、法规和相关技术标准。

②负责工程技术管理、工程运行安全、掌握工程运行状况，及时处理主要技术问题。

③组织编制并落实工程管理规划和更新改造、养护修理计划。

④负责工程养护修理及质量管理，并参与验收。

⑤负责续建配套技术改造项目立项申报的相关工作，参与工程实施中的有关管理工作。

⑥组织开展有关工程管理新技术的应用推广工作。

⑦组织工程技术资料的收集、整理、分析和归档工作。

（2）任职条件

①水利或土木工程类本科毕业及以上学历。

②取得工程师及以上技术职称任职资格，并经相应岗位培训合格。

③熟悉国家有关法律、法规和相关技术标准；掌握工程规划、设计、施工、运行管理的基本知识；熟悉灌区的工程状况；具有较强的组织协调能力。

6.2.5　灌区信息化管理

1. 灌区信息化管理的意义

"水利信息化是水利现代化的基础和重要标志"。灌区现代化首先是灌区管理的现代化，而要实现灌区管理的现代化，就要十分注意利用具有先进意义的实现手段和途径，实现灌区管理所需的水情、农作物、工情等信息的采集、传输、存储、处理与分析的现代化和自动化。这样的实现手段和途径是什么呢？是信息化，是以数字化、网络化、智能化和可视化为主要特征的信息化。随着信息技术的迅猛发展，如何抓住数字化、网络化与信息化建设带来的发展机遇，加快大型灌区信息化建设，加强大型灌区及行业管理能力建设、提高管理水平，向管理要效益，已成为当前及今后灌区管理的一项十分重要和紧迫的任务。

目前先进的灌溉水管理，其流程为"信息采集＋分析加工→指导实践→信息反馈"，即主要由水信息管理中心、用水信息采集传输系统、用水数据库、灌溉用水管理系统、灌溉渠系自动化监控系统等组成。对现有灌溉系统投入适量的资金进行信息化建设,是实现适时、适量地计划用水、提高灌溉水利用率和节约农业用水的现代化可持续发展最基本途径。

2. 灌区信息化建设发展概况

(1) 灌区信息化建设在国外的发展概况

西方发达国家信息化建设比较早,灌区的信息化建设水平相应也比较高,主要表现在以下几个方面。

①灌区基础数据的采集、整理和存储。西方发达国家十分注重基础数据的收集和整理。灌区管理部门对灌区基础数据比较重视,灌区渠系、闸门、水文测站、用水户等数据一般都由计算机管理,存储在文件或数据库中。

②灌溉系统的自动化程度。国外灌溉系统的自动化程度总的来说比较高,这一结论主要针对滴灌、管灌等系统而言。对于渠道灌溉的灌区来说,灌溉系统的自动化程度也不是很高。主要原因是一般的自动化闸门造价过高,且在野外恶劣环境下的可靠性没有得到很好的解决。

③灌区灌溉管理用软件系统等的标准化和通用程度。发达国家在灌区灌溉管理所需要的软件的标准化和通用程度方面做得比较好,开发了一批用于灌区灌溉管理的通用软件。

(2) 中国灌区灌溉管理和信息化建设现状

目前,中国灌区的灌溉管理水平和信息化程度,从总体上讲还处于比较低的水平。主要表现在以下几个方面:①灌区信息采集点少、手段落后。②灌区信息传输手段比较单一、落后。③灌区管理人员信息化意识和技术水平亟须提高。④重硬件、轻软件。⑤灌区信息化建设没有一个统一的规划,信息的共享性差。⑥中国灌区信息化的产品处于试验研究阶段,没有真正形成产品。⑦灌区信息化系统的综合集成能力差。

3. 灌区信息化建设目标与主要内容

(1) 建设目标

根据《全国水利信息化规划》所确定的目标,结合全国大型灌区建设与管理现状,按照“科学规划、分步实施、因地制宜、先进适用、高效可靠”的原则,以需求为导向,长远目标与近期目标相结合,因地制宜,讲求效益,通过试点、示范,逐步建立起能有效促进灌区技术优化升级和提高灌区管理水平的信息系统。

灌区信息化试点建设目标是运用先进的数据采集、传输和处理手段,通过试点、示范,初步建立起能提高灌区管理水平、促进灌区技术优化升级和提高用水效率的水管理信息系统。

灌区信息化建设的最终目标是建立一个以信息采集系统为基础、以高速安全可靠的计算机网络为手段,以信息决策支持系统为核心的现代化灌区管理系统。

灌区信息化最终目标是实现灌区管理的现代化。灌区管理现代化的基本任务与内容包括灌溉用水信息管理现代化、灌溉工作及灌溉设施管理现代化以及灌区行政事务与附属设施管理现代化。因此,灌区信息化建设应围绕上述基本任务与内容开展工作。

(2)灌区信息化建设的主要内容

目前,国内外对灌区信息化的研究主要包括两个方面:一个方面是硬件建设,包括流量、水位、墒情、作物长势等的信息监测设备,渠系建筑物的监控设备等。另一个方面是软件建设,包括灌溉需配水模拟、渠系水流模拟、水费征收系统、办公自动化系统等。

同样,中国灌区信息化建设的主要内容也包括硬件建设和软件建设两个方面,具体为:

①灌区数据库的建设。灌区数据库建设包括两个方面的内容:数据库结构的建设和数据库内容的建设。数据库结构指通过对灌区的剖析,对灌区的信息进行合理的分类,按照数据库设计的有关理论和方法设计出结构上合理、技术上易于实现、满足应用要求的逻辑数据库和物理数据库。数据库内容建设则是根据灌区的实际情况,使用数据库管理系统提供的录入工具,将灌区的资料输入数据库,使数据库成为一个具有丰富资料的数据库仓库,满足灌区日常管理和决策支持的要求。

②基础资料的数字化。中国大部分灌区信息化建设的基础比较薄弱,大量的基础资料尚未数字化,通俗地讲就是没有进入计算机,仍停留在纸张、照片等介质上。基础资料的信息化,在建立相应的数据库后,主要就是将灌区管理以往积累的资料进行整理、录入计算机的过程。在数据库及其管理系统设计时要注意到这个特点,建立系统后更要抓紧时间将资料录入计算机,包括文字资料、照片和录像等。

③信息采集系统的建设。灌区信息采集数据按照更新时限的长短可以分为三类,即静态数据、动态数据和实时数据。静态数据指基本不变化的资料,如灌区的行政区划、管理机构、各种已建工程资料等;动态数据指不定期更新的资料,如作物的种植结构和种植面积,每年都有所变化;实时数据指实时更新的资料,如灌水期间渠道的水位,降雨期间的雨情资料等。对于不同类型的数据,其信息

采集的手段和方式是不同的。如对于静态资料,在基础资料的信息化过程中进入灌区数据库,基本是不更新的;对于动态资料,就需要根据其具体的特点,定期或不定期进行采集,然后进入数据库;而对于实时数据而言,由于其更新时间较短,从灌区管理的需要出发,又需要实时地掌握这些数据,所以靠人工采集已不能适应灌区现代化的需要,必须采用现代的自动化、光电、计算机等技术进行自动、实时的采集,建立信息采集系统。我们这里所谓的信息采集系统专指实时数据的信息采集系统。

一般情况下,灌区的信息采集系统主要指灌区渠道水情、气象(包括雨情)、田间水情(墒情)、作物长势等要素的采集系统。

④通信系统。对于灌区尤其是大型灌区而言,无论是灌区各部门之间的联系,数据的传输,还是灌区管理部门间的指挥调度,建设计算机网络系统,建立准确、通畅的通信系统都是非常重要的。现在比较适合灌区选用的通信系统主要有光纤、手机 APP、数字数据网络系统、集群通信、超短波通信、卫星通信和蜂窝电话系统等。

⑤计算机网络系统。大型灌区的管理一般采取分级管理,灌区最高管理机构下面设几个分支,分布在不同的地点,一般是按照渠道分片管理。根据需要建设单位内部的计算机局域网、连接各单位间的计算机广域网以及利用 Internet (互联网)上丰富的资源以更好地与外界交流。

⑥水源调度决策支持系统。随着现代决策技术和智能技术的发展,现代决策支持系统在辅助管理部门的决策中发挥着越来越重要的作用。建立灌区水源调度管理决策支持系统,对于灌区提高用水管理水平,提高用水效率,节约用水具有重要的意义。

⑦办公自动化系统。办公自动化系统是计算机网络系统上的一个重要应用内容。办公自动化系统一般包括公文管理、档案管理、政务信息管理、会议管理、新闻宣传等功能。

⑧灌区信息共享和信息服务。主要指灌区利用现代化的手段,对外进行信息的披露和信息服务,如向灌区内的用水户披露水量、水费等信息,宣传灌溉知识;对社会上其他相关单位提供相应的信息,接受社会监督,也向社会宣传自身。这一功能可以结合办公自动化系统进行建设。

4. 灌区工程信息化管理

(1) 灌区工程信息采集

灌区工程是一个复杂的系统,一座建筑物或一个设施出了问题,都将影响整个工程的运行。为了提高灌区工程正常、安全运行的保证率、管理部门不仅在发生工程事故时要能及时了解信息,更需要有效地监视工程的运行状况,以便及早采取对策,防止和避免工程事故的发生。灌区的工程设施主要包括坝(站)、闸、涵洞、渡槽和渠道等,对其中重要的设施要进行工情信息的采集,以保证工程的安全和可靠运行,并逐步实现信息化或自动化管理。

(2)灌区工程信息管理系统

灌区工程信息管理系统是以计算机与互联网等为基础,包括数据采集系统、通信系统、数据库与数据处理系统、灌区工程测控系统等软硬件在内的综合系统。通过对灌区的基本信息收集及实时监测,在测控中心即可实现信息化或自动化管理。

6.3 灌区民主管理组织

根据《灌区管理暂行办法》第8条规定:"灌区实行民主管理,定期召开灌区代表会,成立灌区管理委员会。""支斗渠也应成立管理委员会,实行民主管理。"在实际管理中,各个灌区都有不同的形式。目前,民主管理方式主要有:

(1)灌区代表会。灌区代表会是灌区的最高权力组织。代表经过民主协商选举产生,代表中一般应包括用水户的代表、管理单位的代表、地方政权机构的代表和有关部门的代表。每届代表任期一般为3~5年,可以连选连任。代表会一年至少要开一次,最好能开两次。一次在春灌前,一次在冬修前。

(2)灌区管理委员会。灌区管理委员会是灌区代表会闭会期间的权力机构,代行灌区代表会一切职权。灌区管理委员会由灌区代表会通过协商选举产生,任期3~5年(由各地自定),可连选连任。灌区管理委员会设主任委员一人、副主任委员二人、委员若干人。委员中应包括本地区公安、财政、农业、科技等有关部门的负责人和用水单位的代表,以便于决定问题和与有关部门的联系。

(3)灌区职工代表会。职工代表会是灌区管理单位内部实行民主管理的组织。职工代表会的代表由灌区全体职工民主选举产生。代表中应包括团、工会、妇女、青年、少数民族等各方面的代表。灌区管理单位的机构、编制、干部配备、生产计划、财务预算、经营管理方面的重大决策,以及劳动保护、职工福利等都应经过职工代表会的讨论和同意。职工代表会对灌区各级干部工作有监督建设、批评等权利。

6.4 灌区水费管理

1. 水价标准的确定办法

（1）灌溉水价标准

根据《水利工程供水价格管理办法》（以下简称《办法》）关于水价标准的核定办法，农业用水价格的确定是在不依靠政府补贴的条件下，按补偿供水生产成本、费用核定，不计利润和税金。

水利工程供水应逐步推行基本水价和计量水价相结合的两部制水价。基本水价按补偿供水直接工资、管理费用和50％的折旧费、修理费核定；计量水价按补偿基本水价以外的水资源费，材料费等其他成本、费用以及计入规定利润和税金的原则核定。对于粮食作物按供水成本核定水价标准；经济作物可以略高于供水成本；在水资源短缺的地区，可以实行超额累进确定水价标准的办法，以严格控制水量的浪费，鼓励节约用水。

水价标准应该在协调灌区管理机构的财务需要和农民偿付灌溉水费能力的基础上制定。

（2）非农业用水水价标准

非农业用水是指由水利工程直接供应的工业、自来水厂、水力发电和其他用水。非农业用水价格根据《办法》，在补偿供水生产成本、费用和依法计税的基础上，按供水净资产计提利润，利润率按国内商业银行长期贷款利率加2～3个百分点确定。

2. 灌区水费分级管理

由灌区负责的工业、水产、小水电及城镇生活用水供水部分的水费，除交纳相关的水资源费以外，灌区可自行征收和使用。对于灌溉水费，目前一般按专管水费和群管水费二级管理。

（1）专管水费

由专管机构收取的水费为专管水费。这种水费主要用于维护灌区骨干工程正常运行、偿付专管机构及有关机构（如水库管理处、县水利局等）向农民提供灌溉服务的费用等。

（2）群管水费

群管水费主要是用以支付专管组织管理的渠系以下且由群管组织管理的渠系和设施所需管理维修费用。这些水费包括斗渠长及农民小组管水员的工资报酬或津贴，以及运行维修费用。各级群管组织都是在财务上独立核算、自负盈亏的单位,所以可根据实际需要向当地农民收取群管水费。

3. 灌溉水费的计算及征收

(1) 水费的计算

用水户的灌溉水费应以其所得到的灌溉服务数量进行计算。目前专管水费的计算方式主要有以下三种。

① 按亩计算

以灌溉面积进行计算的方式。主要用于水量丰富或量水设施尚未配置的灌区。为了提高计算的合理性,一般可根据作物种类进行修正。

② 按方计算

按方计算适用于水量相对较缺,并已配置量水设施的灌区。按最末级计算点(一般为支渠口)的灌溉水量计收水费,然后按各计算点以下的实灌面积平均或加权分配水量。通常以各田亩的灌水次数,斗渠的技术状况及土地平整程度,作为加权的衡量标准。

③ 按两种方法计算

该方式将专管水费分为两部分:一是按亩计算某一固定基本水费,二是按量计算其余部分。基本水费要求能够保证在大旱之年也能有最低的收入,以满足部分运行管理和维修费用;按量计算部分则作为补充收入,以满足全部费用开支。该方法适用于水资源不足且各年之间变动较大的地区。灌溉管理部门应根据当地的实际情况,合理确定这两部分的比例,既要保持灌溉管理机构收入的相对稳定,又要鼓励农民节约用水。

(2) 水费的征收

① 由专管机构人员直接征收

灌区专管机构所属的各管理站开出各农户的水费账单,由基层管水员按单向农户收费,然后逐级交到灌区管理部门。由全灌区管理部门直接上缴财政。

② 由各村会计代收

由村会计或村管水员负责向农户征收专管水费,并通过各管理站上交给灌区管理部门。该形式一般应付给征收人员一定的劳务费。

③ 委托单位代收

灌区管理机构可委托银行、信用社等单位代收,并付给代收单位2%左右的代收业务费。

(3) 水费的使用和管理

① 水费收入只能用于灌区水利供水工程和综合利用工程供水部分的管理

运行,工程设施的维修养护、大修理和更新改造、各级水费专管机构定编人员必需的管理费用以及少量综合经营周转金。受益范围大,难以具体划分的防洪工程和综合利用工程防洪排涝等部分所需的各项费用,仍列入水利基建投资和水利事业费预算。

② 水费收入是维持灌区运行管理的主要经费来源。经水利部门和财政部门核定抵作供水成本和事业费拨款的,视为预算收入,免交能源交通重点建设基金。各灌区收缴的水费要交财政专户储存,结余资金可以转下年使用。

③ 水费盈余。应连同其他方面盈余一并建立专用基金,大部分用于建立生产发展基金,即用于灌区配套和工程修理更新;小部分用于建立集体福利和职工奖励基金以及"以丰补歉基金"。分配原则要兼顾国家、集体和个人三者利益。具体分配比例,由灌区管理部门会同财政部门根据具体情况核定。

7　淮涟灌区系统管理实证研究

7.1　灌区基本情况

淮涟灌区标准化规范化管理受到水利部好评,灌区标准化规范化管理取得明显成效,工程体系明显改善,综合效益得到充分发挥。淮涟灌区努力创建全国生态样板灌区,创建国家级水利工程管理单位。淮安市淮涟灌区地处淮、沂、沭、泗流域下游,位于淮沭河以东,北六塘河以南,盐河以北,东张河以西,北与宿迁市沭阳县、连云港市灌南县接壤,东和涟水县涟西灌区毗邻,所辖淮阴区、涟水县17个乡镇324个行政村。土地面积120.1万亩,耕地面积80.25万亩,设计灌溉面积76.97万亩。

灌区地势平坦,呈南高北低,西高东低的平原扇形,地面高程(废黄河零点)在13.5～6.0 m之间,自然坡降为1/7 500至1/5 000。

灌区处于北亚热带和暖温带过渡气候区,气候温和,四季分明,阳光充足,雨量充沛。根据降雨量统计资料,多年平均降雨量为954.5 mm,汛期平均降雨量609 mm,占全年降水量的63%。最大年降雨量1 313.5 mm(1956年)与最小年降雨量577.4 mm(1978年)相差736.1 mm。降雨量年际变化大,年内分配不均,旱涝灾害多发,一般每4年发生旱涝灾害一次,每8年发生大旱、大涝一次。多年平均气温14℃,最高气温39.1℃,最低气温－17℃,年无霜期220天左右,年平均日照时数2 243.6小时,平均年蒸发量1 226.6 mm。

由于多次黄泛冲积和地表水流冲融,表层土壤大部分为沙壤土和淤土。原来这一地区排水不良,有大量盐碱土,经多年改良,目前边缘地区仍有少量花碱土。灌区内沙土约占63%,适宜种植水稻、小麦、油菜、棉花等多种作物。

灌区涉及淮阴、涟水两县(区)17个乡(镇、场),总人口57.19万人,其中农业人口50.3万人,劳动力31万人。区内主要种植水稻、小麦、棉花、玉米。2007年全灌区国内生产总值34.6亿元,其中农业总产值12.57亿元,占总产值的36.3%,农业总产33.6万t,平均水稻单产539 kg,小麦单产320 kg。农民人均纯收入3 360元。

灌区内水陆交通便捷,宁连一级公路、京沪高速公路、淮泗路、淮沭路、淮高路贯穿南北,淮沭河、盐河、六塘河等航道环绕灌区。

灌区灌溉工程:现有总干渠 1 条 14.3 km,渠首闸 1 座;干渠 4 条 118 km,干渠进水闸 4 座,分干渠进水闸 2 座,干渠节制闸 1 座,干渠渡槽 1 座,干渠退水闸 3 座;支渠 18 条,长 172.685 km,其中砼防渗支渠 4 条 13.65 km,配套建筑物 31座;斗渠 349 条 657.33 km,其中砼防渗斗渠 89 条,长 187.65 km,配套建筑物760 座;农渠 2 146 条 1 279.58 km,其中砼防渗农渠 181 条,长124.75 km,配套建筑物 1 321 座;建有机电泵站 388 座,装机容量 17 734 kW。

灌区排涝工程:现有骨干排涝河道 6 条 162.7 km,配套建筑物 36 座;大沟50 条 289.3 km,配套建筑物 73 座;中沟 267 条 721 km,配套建筑物 587 座;小沟 3255 条 27.9 km,配套建筑物 2 320 座。

经过六十多年的水利工程建设,提高了灌区抗御自然灾害的能力,为发展农业经济起到了积极作用。特别是近几年灌区节水工程改造、小型农田水利、国土整治等项目的实施,经过沟、渠、田、林、路统一规划,洪、涝、旱、渍、盐综合治理,已经形成了河岸笔直、沟渠配套,格田成方、树木成行、灌排水系分开通畅的新面貌。

7.1.1 灌区水源

(1) 由二河引洪泽湖水,经淮涟闸到总干渠,再分流到 4 条干渠。

(2) 由夏码大沟闸站、翻身河闸站、盐西补水站提引盐河水补充。

(3) 在排涝河道两侧建泵站,提引回归水补给。

(4) 降雨(可利用部分)。

7.1.2 工程现状及存在问题

现有骨干工程自投入运行以来,为灌区的农业生产乃至整个农村经济的发展起到了重要作用,但随着工情、水情、农情的不断变化,灌区本身固有的缺陷逐步显现出来,2000 年以来虽然经过了四期节水改造工程的实施,灌溉条件得到了较大的改善,但由于灌区输水线路长,提水泵站多,用水秩序混乱,灌区控制性建筑物配套不足,现有工程设施不适应灌区发展的需要,亟待进一步改造和配套建筑。存在的问题主要有:

(1) 本灌区处于沙土地区,水土流失非常严重,导致渠道淤积快,过水断面逐年缩小。

（2）现有干支渠道由于原设计断面偏大，流速偏慢，导致渠道内水草丛生及杂物沉积，阻水现象十分严重，渠道上下游水头落差较大。另外南北四干与东西四干分水口处由于没有控制性建筑物，水稻栽插高峰期用水无法调节。

（3）少数泵站由于建站早，进水池底板设计偏高，在低水位时无法提水。

（4）近年来，水稻栽插期短，用水相对集中，造成用水峰值高，争水抢水现象尤为严重。

（5）建筑物引提水量不配套，不协调。淮涟渠首闸设计最大流量为110 m^3/s，在水源比较好的情况下，一般也只能放水 60～70 m^3/s，根据近年来淮涟渠首闸 6 月 11 日至 6 月 30 日放水流量实况统计来看，流量基本上在40～60 m^3/s 之间。而目前灌区直接从干支渠道内提水的泵站有 308 座 365 台，提水能力为 110 m^3/s，引提水能力相差近 1 倍，由于渠首引水能力小于泵站提水能力，因而在水稻栽插高峰期干支渠下游水位一直处于较低状态，导致泵站效率低，抢水现象严重，影响水稻正常栽插。

7.2　淮涟灌区节水创建管理

7.2.1　成立创建组织

为了保证节水型灌区创建工作顺利开展，灌区管理处成立了以单位主要领导为组长、各部门负责人为成员的节水型灌区创建工作领导小组，具体负责制订工作计划，落实创建措施，督促检查创建工作开展情况。两县（区）灌区管理单位也相继成立了节水型灌区创建工作小组，市县两级联动，共同拟定节水灌溉规划，查找节水灌溉薄弱环节，协商处理创建工作中遇到的工作难题，从而保证了创建工作有序推进。

7.2.2　加强节水宣传

节水宣传是节水型灌区创建工作的重要内容，通过节水宣传可增强广大职工和地方干群的节水意识，充分认识节约用水的重要性，使他们做到主动节水、自觉节水。自开展创建节水型灌区工作以来，灌区管理处始终把节水宣传作为一项重要的工作来抓,把节水宣传工作渗透到灌区灌溉用水管理的各项工作中,从内到外,从纵向到横向,大力宣传节约用水工作。

一方面利用世界水日和中国水周集中开展宣传活动,采取张贴散发宣传标语、举办水法知识竞赛、举办节水知识讲座等活动,以《中华人民共和国水法》《中华人民共和国水土保持法》《水利工程管理条例》《节水灌溉技术规范》等为主要内容,大力开展水法规宣传活动,收到了良好的效果。

另一方面经常性地开展节水宣传活动,为了使节水宣传工作正常开展,我们明确了专人负责,从管理处到各个闸站均定期张贴节水宣传标语,建立长效管理机制,确保节水宣传工作扎实有效地开展。

7.2.3 加快灌区节水工程建设

为了提高渠系水利用系数,灌区管理处特别注重工程节水措施。多年来,我们充分利用灌区节水改造工程、小型农田水利工程、国土整治工程和农业开发工程等建设契机,大力开展节水型灌区工程建设。其中:灌区节水改造工程,自2000年以来先后实施六期工程,共投资9 625万元。新拆、建涵闸22座、改造涵闸12座、支渠首3座、涵洞3座、渡槽1座、机耕桥10座,新建泵站22座,改造10座,防渗渠道32条91.84 km,管理用房2 450 m²。先后完成了一干闸、二干闸、三干闸等干渠渠首拆建工程,改善了引水工程状况;拆建了小洋河渡槽、杰勋河渡槽阻水工程,改善了下游地区灌溉条件,扩大了自流灌溉面积;扩建了金码梯级闸、新建杰勋河蓄水闸等回归水工程,提高了水资源利用率;新建、改造泵站工程,提高了灌溉效率,新建防渗渠道等节水工程,减少了渠系水损失,不但节水,而且节地、节能。特别是拦蓄回归水工程和防渗渠道工程建设,节水效益明显,灌区灌溉水利用系数得到显著提高。

7.2.4 强化制度建设

建立健全灌区用水制度是保障灌区节约用水的有力措施,也是创建节水型灌区的重要内容之一。我们按照节水型灌区考评标准,结合灌区实际,制定了水情调度方案,严格控制水源水量,取得了明显成效。

1. 实行计划用水　规范用水秩序

淮涟灌区多年来严格执行水稻生长期计划用水管理。一是在总结往年灌溉技术经验的基础上,编制灌区用水计划。二是在灌溉季节根据对自然降雨的充分利用再作适当修正,为了充分利用降雨和推行浅湿调控技术,我们编制的淮涟灌区水情调度动态管理系统,使灌区水情调度更加精确、科学、合理,达到充分利用和节约水资源,促进灌区作物优质高产,节水高效的目的。

淮安市淮涟灌区系江苏省最大的引提水结合灌区,灌区干渠(分干)及少量田地低洼地区采用引水方式,支、斗渠道大多数采用泵站一次或二次提水灌溉。为了加强计划用水,规范用水秩序,灌区管理处在开灌前组织人员深入灌区调查了解作物布局,并充分征求两县(区)水利主管部门、基层管理单位和用水户意见的基础上,根据淮涟灌区节水灌溉制度,按照灌溉保证率75%制定《淮安市淮涟灌区用水计划》和《淮安市淮涟灌区水情调度方案》。为了保证用水计划和水情调度方案的落实,我们按照浅湿调控节水灌溉制度编制了淮安市淮涟灌区水情调度动态管理系统应用软件,从而保证了灌区用水计划的执行。

2. 推行用水总量控制和定额管理,节奖超罚

淮涟灌区实行"条块结合,分级管理"的管理模式,水利工程管理根据涉及范围分省、市、县、乡、村五级管理模式。其中:灌区渠首由省水利直属单位管理,执行省防办调度指令,严格实际总量控制和定额管理。干渠级涉及两县(区)的渠首工程由市淮涟灌区管理处进行管理,严格执行灌区用水计划和水情调度方案,公平公正,规范管理。干渠级以下工程多数为提水泵站,在定灌溉面积、定收费标准、定消耗成本、定承包期限、定服务内容的"五定"基础上承包给农户个体或农户联合经营,实行节约归己,超支自付的用水供水原则,从而达到节约水资源、节约经费、适时适量灌溉的目的。

3. 实行计量用水

灌区量水是实行计划用水的一项必要工作,可以有效控制各渠道的放水流量,避免配水不足或过多现象,减少水量浪费,促进节约用水。利用量水记录,可以分析计算渠道的输水能力和输水损失,为按方收费提供可靠依据。对整个灌区我们制订了渠首引水计划,按照计划开闸引水,以确保灌溉用水需要。各干渠上支渠首和直挂斗渠首严格执行计划用水制度,确保按时开关。

4. 规范水费计收与管理,取消各种福利用水

目前,水价标准是执行省物价局〔2000〕142号文件,稻麦田12元/亩,经济作物8元/亩,旱田3元/亩。确立水费征收由行政事业性收费改为经营性收费,采取由水利部门组织职工持证上岗,上门开票直接征收到户的收费方

式。这项工作开始难度大，为争取县(区)领导的支持、乡干部的配合、老百姓的认可，灌区管理处采用了以下具体做法：一是进行广泛深入的宣传，争取各级领导思想上的重视，行动上的支持，协调好乡村干部关系。同时，充分利用"一报三台"等媒体，大力宣传水费征收的目的和意义、有关政策法规、征收标准等。二是加强业务培训，规范收费行为。对所有收费上岗人员全部组织培训，制定了"二十个不准"以及水费收缴制度、票据管理制度，做到合法收费、合理收费、文明收费。三是建立收费台账，严格收费程序。根据农户种植结构，按省物价部门规定的征收标准，自下而上建立到户水费台账，然后职工一手持台账，一手持水费专用票据上门征收。从公司到供水分公司，建立水费票据的申购、申领、使用、发放、回收等制度和台账，严格手续。四是任务到人，责任明确。县(区)局长分工到片，灌区领导分工到乡，职工分工到村到户，从而保证了农业水费的全额征收。通过规范水费征收，取消福利用水，进一步加强了农民节约用水的习惯。

5. 推行节水灌溉制度　节约用水

淮涟灌区主要种植水稻、小麦、油菜、玉米等作物。灌区自1958年建设以来，只有水稻生长期引水灌溉，旱作物没有引水灌溉的习惯，利用降雨即可满足旱作物生长用水需求。因此，淮涟灌区主要制定水稻灌溉制度。根据水量平衡原理，并结合当地的灌水经验分析确定水稻灌溉制度。淮涟灌区水稻主要品种是中稻，一般在5月中旬育秧，6月中旬泡田栽插，9月底收割。水稻的整个生长期分为秧田期、泡田期、生育期，这三个时期各有特点。虽然秧田期用水定额相对较低，但延续时间长，水量消耗较大，我们主要采用旱育秧自由选择技术，秧田期不引水灌溉。泡田期是灌溉定额最大的阶段，泡田期一般在6月中旬，根据水利试验资料，典型年$P=75\%$的泡田定额为$100\ \mathrm{m^3/亩}$，由于农业结构的调整和现代化耕作技术的提高，泡田期用水高峰相对集中到7～10天，灌区需水量大，供需水矛盾较多，因此，我们积极推广水稻直播技术，目前灌区水稻直播面积已经有26%左右，不但缓解了水稻栽插期用水矛盾，也节约了大量水源。水稻生育期需水量较大，为了探索经济合理的灌溉制度，淮涟灌区灌溉试验站进行了大量的试验研究，积累了很多试验资料，提出了水稻浅湿调控灌水技术，并在全市推广应用，取得了明显的节水成效。

6. 充分利用降雨　节约灌溉水源

充分利用降雨，也是灌区节水灌溉的好方法。淮涟灌区利用灌区节水改造的机会，先后建起了拦蓄水工程，灌溉季节在保障防洪排涝要求的前提下，全部关闭拦蓄雨水和回归水。田间拦蓄雨水主要根据各个生育期的适宜水层上下限以及最大蓄水深度采用《江苏省县级（市、区）水资源开发利用现状分析工作大纲》结合试验站成果，充分利用降雨，灌区管理处由此而编写了淮安市水情调度动态管理系统应用软件，对于合理利用降雨起到了较好的作用。

7. 加强巡查制度　减少跑水漏水

为了加强用水管理，提高灌溉水利用率。灌区建立了用水巡查制度，由市、县（区）灌区管理单位及处涵闸管理人员、乡镇水利服务站技术人员形成灌溉管理信息网络，通过加强联系，互相配合，明确了巡查的主要内容、巡查的方式及巡查的方法，认真做好巡查记录，发现问题及时处理，无毁渠放水、大水漫灌等浪费水现象。支、农等末级渠道的管理和投入，提高渠系水利用系数，可以有效地节约水资源，缓解灌区水源不足的情况，同时又可以通过减少渠道损失，解决渠道较长时间处于下游用水户的用水问题，从而提高他们对农业水费认识的重要性，争取让他们积极主动地上交水费；干、支、农等末级渠道又是实现将水资源分配到具体用水户的重要环节，通过对末级渠道有效的调节，可以合理分配有限的水资源，提高水资源的利用率，实现水源的最优分配；通过末级渠道合理的分配水源，也可以有效地解决用水矛盾，在水费收缴工作中，从而得到广大用水户积极主动的配合。

7.3　灌区动态用水调度管理

7.3.1　水情调度原则及方法和执行权限

根据多年来水源情况和水情调度的实际操作经验，结合目前农业产业结构的调整情况，制定如下原则和方法。

1. 水情调度原则

（1）平水年按照省防指用水计划分配的灌区渠首闸引水量，根据各干渠首控制面积比例进行配水。管理人员可根据实时情况将闸门开启高度上下浮动0.2 m，并及时向指挥人员汇报。

（2）非平水年根据水源实际情况采取续灌、轮灌、集中供水等方式灵活调度。管理人员必须严格执行指挥人员指令。

（3）干渠以下的水情调度由所在县（区）负责。

2. 水情调度方法

(1) 水稻育秧期

根据省市有关规定,水稻育秧推广旱育秧技术,在此期间供给少量水源,只保水量,不保水位。淮涟闸一般供水 $10\sim15$ m³/s。

(2) 水稻栽插期

① 在水稻栽插前期,市、县(区)灌区管理单位要积极做好蓄水保水工作,力争在 6 月 10 日前将干支渠道充满水和骨干排涝河道蓄满水。

对油菜茬等能提前栽插(6 月 1 日—6 月 10 日)的乡(镇)、村、组,市、县(区)灌区管理单位要积极动员农民抢栽抢插,以缓解高峰期用水紧张问题。

② 在水稻栽插高峰期(6 月 11 日—6 月 30 日),针对灌区内干渠断面大、线路长、以泵站提水为主的特点,为确保水稻大面积栽插用水,原则上从 6 月 11 日—6 月 25 日根据水稻面积按流量分配,采取续灌方式供水,在水稻大面积栽插基本结束后,根据实际情况,灵活调度,分别控制一、二、三、四干闸,集中水量向用水困难的地区供水,解决局部用水问题。另外对于已建补水泵站的地区,县(区)水利主管部门要充分发挥补水泵站的作用,缓解灌溉水源紧张问题。

③ 在水源丰富的情况下,市淮涟灌区管理处主动与上级主管部门联系,争取多放水。

④ 在水源紧张的情况下,按各干渠首闸控制栽插面积比例进行配水。必要时实行轮灌,轮灌时间及流量按当年上报水稻面积配水,根据省防指调度指令及时调整轮灌方案送两县(区)防办。

⑤ 在遇到严重干旱、水源特别紧张时,水情调度在保证乡村群众生活用水的同时,农业生产用水原则上按农作物面积比例配水,必要时按市防指调度指令执行。

(3) 水稻补水期

① 水源好的情况下,采取续灌及时调度,保证需要。

② 水源不好的情况下,按照有关涵闸控制面积,实行定时定量轮灌,按当年县(区)上报的水稻面积比例配水。具体轮灌方案,根据省防指调度指令及时调整并下发到两县(区)防办。

7.3.2 特殊旱涝水情调度方法

(1) 在特殊干旱年份,各级水利主管部门和灌区管理单位,要齐心协力、相互配合,挖掘潜力,开源节流,把干旱造成的损失降到最低限度。

(2)在外洪内涝的情况下,充分利用灌溉工程,配合排涝工程及其设施,积极做好防洪排涝工作,把洪涝灾害造成的损失降到最低限度。

7.4 灌区水污染应急管理

为了提高对水污染事件的应急处置能力,认真贯彻落实《中华人民共和国水污染防治法》《中华人民共和国安全生产法》等法律法规,结合灌区水利工程多为提供农村灌溉用水的实际情况,制定《水污染事故处理应急预案》。

7.4.1 制定水污染事故处理应急预案的指导思想和目的

1. 指导思想

为了深入贯彻落实科学发展观,坚持"预防为主、防治结合、综合治理"的原则,以《中华人民共和国水污染防治法》《中华人民共和国水法》《中华人民共和国防洪法》《河道管理条例》等法律、法规和有关文件为依据,确保灌溉用水安全,促进经济社会全面协调可持续发展,为农业增产、为农民增收作出贡献。

2. 目的

制定水污染事故处理应急预案的目的是快速、高效、有序地控制水污染事故的发展,将事故损失减小到最低程度。

7.4.2 组织机构及职责

为了将水污染事故处理工作进一步落到实处,明确职责,责任到人,特成立淮安市淮涟灌区管理处水污染事故处理应急小组。

1. 水污染事故应急处理小组

组长:全面负责管理处水污染事故处理工作,为管理处水污染事故处理工作第一责任人,负责发出各项调度指令。

副组长:对水污染处理工作进行检查督促,发现问题及时提出整改意见和建议。

成员:配合副组长对水污染处理工作进行检查督促,发现问题及时提出整改意见和建议,及时向组长和各具体责任人通报。

具体负责人 1：具体负责执行调度管理处第一管理站闸门运行工作。

具体负责人 2：具体负责执行调度管理处第二管理站闸门运行工作。

具体负责人 3：具体负责督查第一、二管理站调度闸门运行工作。

2. 应急处理事故小组职责

负责水污染事故处理的指挥工作，进行任务分配和人员调度，有效利用各种应急资源，保证在最短时间内完成对水污染事故处理工作。

（1）发现水污染事故后，应立即组织人员实施处理，同时以最快的方式汇报管理处水污染事故处理机构负责人，并及时向上一级管理机构汇报水污染情况。

（2）水污染事故处理小组要立即组织人员控制污染源，防止水污染事故的扩大和蔓延，力求将损失降到最低程度。同时注意做好现场取证工作。

（3）负责指挥调动所有设备设施人员参与水污染处理工作，确保处理工作有序地进行。

（4）协助上级部门开展事故调查处理。

（5）协助上级有关部门分析事故原因和性质，制定和落实相应的预防措施，切实防止类似的事故重复发生。

（6）负责安排专人做好事故的善后处理工作，在切实做好预防措施的情况下，上报有关部门，争取尽快恢复正常供水工作。

7.4.3　确定水污染环境事故的类别

根据灌区管理处的实际情况，特确定以下可能引起的水污染事故的类别及重点危险源。

（1）水源污染：指淮涟闸以上，灌溉水源的污染。

（2）局部污染：指灌区各灌溉渠道内由于企事业单位排放的废水、污水超过国家规定的指标所造成的污染。

7.4.4　水污染事故处理应遵循的原则

1. 水污染防治准备中应遵循的原则

（1）设兼职水污染监测管理人员，建立群众性义务水污染监测组织，加强业务学习和训练。

（2）制定水污染防治方案，内容包括：防止水污染事故所采取的预防措施；发生水污染事故时的应急对策及信息传递。

（3）对可能造成水污染的源头要定时检查，检查要有检查记录。

2. 水污染事故发生后必须遵循的原则

（1）水污染事故发生后，发现人应立即报告单位负责人，说明污染源、污染量。

（2）水污染事故发生后要立即组织队伍，按事先制定的处理方案进行处理；若事态严重，难以控制和处理，应立即向专业部门求救，并密切配合。

（3）设紧急联络员一名，负责水污染事故处理的联络工作，明确联络地址和电话。

（4）水污染环境事故处理结束后，负责人应如实填写记录，召集相关人员研究防止事故再次发生的对策，并以文字的形式向上级主管单位汇报整个事故的详细情况。

7.4.5 各类水污染事故处理的预防及其应急预案

1. 水源污染事故的预防及其应急措施

水源污染由于影响面大，我们会及时收到上级信息，如果污染水进入总干渠，灌区管理处要及时将污染水通过退水闸向六塘河排放，污染水排完后，要持续引清洁水冲刷渠道，直至渠道内的水可以用来灌溉为止。

2. 局部水污染事故的处理措施

（1）当发现渠道内局部灌溉水被污染时，发现人应立即汇报单位负责人，说明污染源、污染量，并制止单位或个人继续向渠道内排放污染水，单位要及时向上一级主管部门和环境保护部门汇报。

（2）处理措施

①如果水污染发生在总干渠内，要立即关闭一、二、四干闸，关闭杰勋河地涵闸，打开退水闸，将污染水排放完，并请求上级加大放水量，冲刷渠道，直至渠道内的水可以用来灌溉为止。

②如果水污染发生在一、二干渠内，要立即关闭三、四干闸，向淮阴区水利局汇报，要求打开光明闸，将污染水向便民河排放，并加大渠道流量，淡化、冲刷污染水，直至渠道内的水可以用来灌溉为止。

③如果水污染发生在四干渠内，要立即关闭一、二、三干闸，向淮阴区水利局

汇报,要求打开四干渠退水闸,将污染水向孙大泓排放,同时向淮涟灌区通报,打开杰勋河蓄水闸,排放污染水,加大渠道流量,淡化、冲刷污染水,直至渠道内的水可以用来灌溉为止。

④组织有关人员对水污染事故区域进行监测。

下篇　大型灌区水源精准调度模式研究与应用

8 绪论

8.1 研究背景与意义

我国是一个农业大国,又是一个人均水资源相当贫乏的国家,而农业用水一直是我国的用水主体。随着社会经济的发展以及人民群众对生态环境要求的不断提高,对灌区进行可持续发展管理研究显得越来越迫切,随着可用淡水资源的减少,农业灌溉用水正在日益被挤占,从这方面来讲,灌区实现可持续发展就是要加强灌区水源管理,着力提升水灌溉效率,对灌区水源进行精准调度。水资源供需矛盾影响着社会发展,根据"节水优先,空间均衡,系统治理,两手发力"的新时期治水思路,在灌区建立"动态用水计划",提高灌溉用水管理水平,对于水资源规划及合理调配、实现灌区可持续发展是十分重要的。

我国灌区是农业和农村经济发展的重要基础设施,是我国农产品的重要生产基地,同时还担负着城乡生活、工业和生态环境供水的重要任务。经过几十年的建设,灌区已成为推动社会经济发展,确保粮食安全和主要农产品有效供给,促进农业增产、农民增收的重要保证。近年来,中央一号文件及《乡村振兴战略规划(2018—2022年)》都提出要实施大中型灌区续建配套节水改造与现代化建设,为贯彻落实中央决策部署,按照习近平总书记"在提高粮食生产能力上开辟新途径、挖掘新空间、培育新优势。粮食生产根本在耕地,命脉在水利,出路在科技,动力在政策,这些关键点要一个一个抓落实、抓到位"的指示精神,开展灌区水源精准调度研究,为灌区现代化建设提供科技支撑,是实现农业和农村经济的健康可持续发展的客观需求。

国内外试验研究表明,科学的用水管理可节水20%左右。农田水分有效管理可以节约水资源,减少浪费,现代农业的发展也要求现代化管理。现代化农业不仅注重提高产量,更强调产品品种、内在质量、外观、上市时间等,对灌溉提出了"精细"的要求,即灌水位置、灌水时间、灌水数量、灌水成分(作物生长所需各种微量元素及营养)等,要求对空气湿度和土壤墒情进行自动监控、科学管理。其中采用红外测温法遥测冠层表面温度变化,通过微气象观测方法或利用其他资料估算获取作物需水信息,呈现了良好的应用前景,具有较强的实用性。与此同时,进一步考虑利用水文模型与配水模型相结合,模拟和评价农业供水,为水资源开发和管理提供决策支持,成为未来灌区用水管理决策技术发展方向。

本书通过淮涟灌区主要作物水稻需水监测及灌溉预报模型的研究,在淮涟灌区水稻需水监测技术的基础上,以水稻实时需水信息为依据,以淮涟灌区农田水文模型模拟为基础,建立实用可靠的灌溉预报模型,为作物需水做出准确预报,建立灌区水源精准调度理论与模型,有利于缓解农业水资源不均衡矛盾,为灌区可持续发展管理提供理论基础;开发淮涟灌区灌溉水源精准调度决策支持系统,对全面提高淮涟灌区科学用水管理水平,推进灌区信息化和现代化建设均具有重要意义。

同时,互联网技术已得到广泛的应用,信息化与物联网领域在大型灌区的工程运行管理、渠道水位测报等方面有了较为深入的发展。但是二者技术的融合,对于灌区水源优化调度方案,以及灌区节水灌溉的有效发挥,仍缺少先进的运行模式和管理经验。因此,开展大型灌区水源精准调度模式研究与应用,对提升灌区灌溉技术水平,推进物联网技术和水利工程运行相结合,充分发挥物联网技术效益,改变传统的粗放式水源管理状态,实现灌区用水有效计量,提升水利工程管理水平,特别是实现灌区可持续发展管理具有现实与指导意义。

8.2　灌区概况

8.2.1　基本情况

江苏省淮涟灌区始建于 1958 年,为国家大型灌区,位列淮安市九个大型灌区之首,是江苏省重要商品粮基地。灌区范围为淮沭河以东,北六塘河以南,盐河以北,东张河以西,北与宿迁市沭阳县、连云港市灌南县接壤,东和涟水县的涟西灌区毗邻。灌区涉及淮阴区和涟水县两区县共计 17 个镇(街道),总面积 129 万亩,耕地 79.97 万亩,设计灌溉面积 76.4 万亩。2018 年灌区内行政村 324 个,总人口 59.07 万人。灌区灌溉用水主要靠洪泽湖供水和拦蓄回归水,通过淮涟渠首闸(110 m³/s)引二河水灌溉,并建有补水站分别从淮沭河、盐河等提水。

灌区内现有总干渠 1 条(长度 27.6 km,设计流量 110 m³/s),控制灌溉面积 370 km²;沿线依次布设干渠 4 条,即一干渠(长度 33.9 km,设计流量

15.1 m³/s)、二干渠(长度 18.0 km,设计流量 10.0 m³/s)、四干渠(东西长 13.6 km,设计流量 34.3 m³/s;南北长 15.7 km,设计流量 10.2 m³/s)和三干渠(长度 28.1 km,设计流量 40.5 m³/s)。每条干渠渠首均设有渠首闸,其中总干渠首为淮涟闸,由省淮沭新河管理处负责管理;一干闸、二干闸、三干闸、四干闸均由淮涟灌区管理所负责管理调度。

另外,灌区设置干渠节制闸 1 座,干渠渡槽 3 座,干渠退水闸 3 座;支渠 11 条共 55.2 km,配套建筑物 31 座;灌区骨干排水河道有民便河、杰勋河(孙大泓)、西张河等 6 条共 162.7 km,配套建筑物 36 座;大沟 50 条共 289.3 km,配套建筑物 73 座。现状灌溉水利用系数 0.551。

灌区骨干(支级以上)灌排渠系如图 8.2-1 所示;各级渠系控制范围的耕地面积见表 8.2-1,其中灌区总干渠控制区域耕地面积为 55.52 万亩,利用回归水灌溉区域耕地面积为 24.45 万亩。

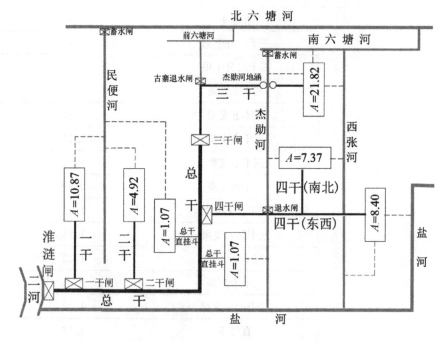

图 8.2-1 淮涟灌区骨干(支级以上)灌排渠系网络图(单位:万亩)

表 8.2-1　灌区各级渠道控制区域耕地面积统计表

类别	分项	耕地面积（万亩）
总干渠	直挂斗	2.14
	一干渠	10.87
	二干渠	4.92
	三干渠	21.82
	东西四干渠	15.77
一干渠	一分干	1.44
	二分干	0.84
	三分干	1.10
	直挂斗	7.49
二干渠	直挂斗	4.92
三干渠	直挂斗	3.87
	三干一分干渠	2.42
	三干二分干渠	1.08
	三干三支渠	1.26
	三干五支渠	1.22
	三干六支渠	1.47
	三干七支渠	1.01
	三干八支渠	2.10
	三干新七支渠	1.23
	三干新八支渠	1.15
	三干九支渠	1.12
	三干十支渠	1.34
	三干十一支渠	1.43
	直挂斗	1.12
东西四干渠	直挂斗	8.40
	南北四干渠	5.75
	四干一支渠	0.95
	四干二支渠	0.67

类别	分项	耕地面积(万亩)
回归水灌溉区域	新渡口街道	7.80
	陈师街道	3.15
	东西张河夹滩	4.20
	南、北六塘河之间	9.30
合计		79.97

注：摘自《淮涟灌区续建配套与现代化改造实施方案(2020年)》。

8.2.2 水源概况

1. 供水水源

（1）地表水源

灌区地处北亚热带和暖温带过渡气候区，气候温和，雨量充沛，多年平均降水量为 938.2 mm，可通过拦蓄地表径流，充分利用本地丰富的雨水资源。

（2）过境水源

灌区灌溉用水以淮涟总干渠经二河引洪泽湖水为主，尾部引用南六塘、西张河、东张河回归水灌溉。依据淮涟灌区取水许可证［取水(淮安)字〔2017〕第 N08010001 号］，灌区于淮涟闸、徐溜翻水闸、夏码闸站等处，采取自流引水方式，$P=50\%$ 年型的地表水取水量为 21 586 万 m^3/年，取水用途为农业用水。

自二河引水的取水口为淮涟灌区渠首闸，设计流量 110 m^3/s，徐溜翻水站设计流量 7.8 m^3/s，夏码大沟站设计流量 3.48 m^3/s，夏码大沟闸设计流量 6.8 m^3/s，翻身河补水站设计流量 2.5 m^3/s，盐西排灌站设计流量 2.0 m^3/s，骆庄闸设计流量 8.6 m^3/s。其中夏码大沟站、夏码大沟闸、翻身河补水站和盐西排灌站目前带病运行。

（3）其他水源

灌区主要用水为农业灌溉用水，其他用水量较少，因而农业灌溉回归水量也是灌区其他供水的来源之一。

2. 供水现状

灌区灌溉引用水源来自洪泽湖，因淮涟灌区渠首闸由省属单位管理，灌溉流量实行定量供应，总干沿线四个渠首闸在引水总量一定的情况下，进行水源的水量分配。灌区灌溉在2011年之前一直采用续灌,没有形成合理有效的灌溉模式,存在"上游尽抢、下游听赏"的现象。淮河流域降水量年际变化较大,年内分配不均,旱涝灾害多发,历来旱情严重,特别是2011年、2012年连续干旱,洪泽湖水源极度匮乏,导致灌区灌溉水量供不应求,加剧了淮阴、涟水两地的用水矛盾。

8.3 研究内容及技术路线

8.3.1 研究内容

为有效提高灌区灌溉设计保证率,切实缓解地方用水矛盾纠纷,在淮涟灌区管理所对水源调度多年探索与实践的基础上,进一步开展灌区水源精准调度模式研究,以期形成一套更为合理先进的、可操作性强的水源精准调度模式,为现代化灌区用水管理提供理论与技术支撑。为此,本课题拟开展以下研究内容。

(1)灌区水稻需水模型及灌溉预报研究。包括淮涟灌区蒸发蒸腾量(ET_0)估算方法研究、冠层温度变化规律及水稻蒸发蒸腾模型研究、灌区灌溉预报模型研究,即在对国内外作物蒸发蒸腾研究现状及存在问题进行分析和总结的基础上,以淮涟灌区水稻为试验材料,通过红外温度自动监测系统结合称重法测定作物需水量,建立水稻蒸发蒸腾模型,以提高农田水文模型模拟精度,为灌区制订动态用水计划和提高水利用效率提供可靠的理论依据。

(2)编制不同水平年、不同水文年型下的灌区用水计划。以灌区总干淮涟闸引水为水源、水稻灌溉用水量分配为重点,在不同水文年型水稻灌溉制度推算的基础上,拟提出不同水平年、不同水文年型情景下总干渠沿线各干渠(包括直挂斗渠)水稻不同生长阶段灌溉用水计划表与渠系配水计划,为灌区总干水源调度与用水管理提供依据。

(3)总干渠沿线水位统计分析。采用水文统计法与水文比拟法,分析不同水文年型情况下淮涟闸下游、一干闸上游、二干闸上游、四干闸上游和三干闸上游的设计水位过程,为灌区水源精准调度、总干渠沿线分水闸启闭与自动化控制提供参考。

(4)淮涟灌区信息化管理软件平台开发。以为淮涟灌区管理提供全面的信息化和智能化支持为目标,设计并开发淮涟灌区信息化管理软件平台。包括系统设备安装(骨干渠道水位遥测点布设、土壤墒情测报系统安装、雨情测报系统安装、闸站监控设备安装等)、运行软件平台开发与程序调试。同时,为配合水闸自动启闭,作为辅助设备,研发水闸启闭遥控器,实现安全快捷启闭闸门,精准控制闸门开度。

（5）提出灌区水源精准调度模式。在灌区水稻需水模型及灌溉预报研究、灌区用水计划与渠系配水计划、总干渠沿线水位统计分析和灌区信息化管理软件平台开发的基础上,综合运用大数据、物联网、云计算等现代科技手段,研究并提出灌区水源精准调度模式,并进行节水效益分析与评价。

8.3.2 技术路线

为顺利开展上述研究内容,并取得预期的目标,经课题组成员多次交流与讨论,形成"灌区水源精准调度模式研究与应用"的技术路线,如图 8.3-1 所示。

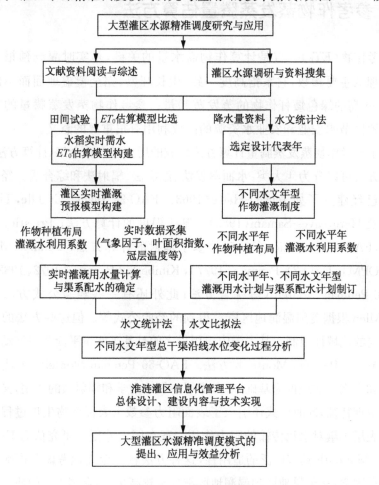

图 8.3-1 技术路线图

9 灌区水稻需水模型及灌溉预报研究

在相关理论研究的基础上,采用调查分析、大田试验与理论分析相结合的方法,开展淮涟灌区水稻需水模型及灌溉预报研究。即以田间试验为基础,结合农田水量平衡原理模型,从作物需水要素所需的基本信息获取入手,建立灌区灌溉预报模型,为灌区实时灌溉提供理论依据。

9.1 参考作物蒸发蒸腾量估算方法

参考作物(ET_0)一直是计算作物需水量的关键,是实时灌溉预报和农田水分管理的主要参数,它系指高度一致、生长旺盛、完全覆盖地面而不缺水的$8\sim15$ cm 高的绿色矮秆作物的蒸发蒸腾量。参考作物蒸发蒸腾量的精确计算对各地区节水农业和农业水资源的高效利用有很重要的意义。

关于参考作物蒸发蒸腾量计算方法研究的历史已有百余年,计算方法众多,常用的方法可以分为 4 大类:水面蒸发法、温度法、辐射法和综合法。经过多年的研究已经建立了如 Jensen-Haise(1963),FAO-24 Blaney-Criddle,Thornthwait 以及 Hargreaves-Samani(1985)等基于温度的计算方法;Priestley-Taylor(1972),FAO-24 Radiation(1977)等基于辐射的计算方法;Penman-Monteith(1965,OPM),FAO-24 Penman(1977),Kimberley-Penman(1972、1982)以及 FAO-56 Penman-Monteith 等综合方法;此外还有一些经验公式方法,如 Irmark,Allen 根据美国湿润地区资料得到的经验公式等。但这些方法的应用都存在一定的地域性限制。其中国内应用最多的是基于能量平衡和空气动力学原理的 FAO-56 Penman-Monteith 方法。FAO-56 Penman-Monteith 方法是以能量平衡和水汽扩散理论为基础,既考虑了空气动力学和辐射项的作用,又涉及了作物的生理特征,同时公式还引入了表面阻力参数来表征作物生理过程中叶面气孔及表层土壤对水汽传输的阻力作用。现在国内外很多研究认为 FAO-56 Penman-Monteith 具有广泛的适用性,这种方法较为全面地考虑了影响蒸发蒸腾的各种因素,从干旱地区到湿润地区都具有较高精度,众多学者的研究都验证了 FAO-56 Penman-Monteith 方法的准确性。

但是该方法需要太阳辐射、相对湿度、温度、风速、大气压强等诸多气象观测资料，常常由于缺少某些资料而无法使用该种方法，因而在某些地区的应用受到很大的限制。而基于温度资料和辐射资料的 ET_0 估算模型对数据的需求较低，资料获取的方式较为简单，且在很多地区都得到了令人满意的结果。

9.1.1　ET_0 估算模型

采用温度法中的 Hargreaves-Samani(H-S)公式、Mc Cloud(Mc)公式和辐射法中的 Priestley-Taylor(P-T)公式、FAO-24 Radiation 公式来估算 ET_0，以彭曼公式计算的 ET_0 作为参考进行比较分析，为实现淮涟灌区简便而精确的参考作物蒸发蒸腾量估算方法提供参考。

1. FAO-56 Penman-Monteith(P-M)方法

计算逐日 ET_0 的 Penman-Monteith 公式为：

$$ET_{0\text{-PM}} = \frac{0.408\Delta(R_n - G) + \frac{900\gamma u_2(e_a - e_d)}{T + 273}}{\Delta + \gamma(1 + 0.34u_2)} \qquad (9.1\text{-}1)$$

式中：R_n——净辐射通量[MJ/(m² · d)]；

　　　G——土壤热通量[MJ/(m² · d)]；

　　　Δ——平均气温时饱和水汽压随温度的变率(kPa/℃)；

　　　e_a——饱和水汽压(kPa)；

　　　e_d——实际水汽压(kPa)；

　　　T——平均气温(℃)；

　　　γ——湿度计常数，$\gamma = 0.66$ kPa/℃；

　　　u_2——2 m 处风速值(m/s)。

Penman-Monteith 公式不需要专门的地区修正系数和风函数等参数，使用一般的气象资料即可计算 ET_0 值。表 9.1-1 是各参数计算方法。

表 9.1-1　P-M 公式相关参数计算方法

参数	计算公式
R_n(净辐射通量)	$R_n = R_{ns} - R_{nl}$
R_{ns}(净短波辐射通量)	$R_{ns} = 0.75(a + bn/N)R_A$
N(最大日照时数)	$N = 7.64W_s$

参数	计算公式
W_s（日照时数角）	$W_s = \arccos(-\tan\Psi \cdot \tan\delta)$
Ψ（地理纬度）	从赤道起沿经线向北为北纬，0～90°N；向南为南纬，0～90°S
δ（日倾角）	$\delta = 0.409\sin(0.017\,2\,J - 1.39)$，$J$ 为日序数
R_A（大气边缘太阳辐射通量）	$R_A = 37.6 d_r(W_s \sin\Psi \sin\delta + \cos\Psi\cos\delta\sin W_s)$
d_r（日相对距离）	$d_r = 1 + 0.033\cos(0.017\,2\,J)$
R_{nl}（净长波辐射通量）	$R_{nl} = 2.45 \times 10^{-9}(0.9n/N + 0.1)(0.34 - 0.14\sqrt{e_a})(T_{kx}^4 + T_{kn}^4)$ T_{kx} 为当地最高绝对温度，T_{kn} 为当地最低绝对温度
Δ	$\Delta = 4\,098 e_a/(T + 273.2)^2$
e_a（饱和水汽压）	$e_a = 0.611\exp[17.27T/(T + 273.3)]$
G（土壤热通量）	$G = 0.38(T_d - T_{d-1})$

当仅仅有温度资料可以使用时，可以利用最小温度代替露点温度的方法估算实际水汽压，地表太阳辐射通量 R_s 可以表示为与最大、最小温度之间的经验函数，并假设 2 m 高处的风速为 2 m/s，得到简化的 FAO - 56 Penman-Monteith 公式。

$$R_s = K(T_{\max} - T_{\min})^{0.5} R_A \tag{9.1-2}$$

$$e_d = 0.610\,8\exp\left(\frac{17.27 T_{\min}}{T_{\min} + 237.3}\right) \tag{9.1-3}$$

式中：R_s——地表太阳辐射通量[MJ/(m² · d)]；

$\quad K$——调整系数，内陆地区 $K = 0.16$，沿海地区 $K = 0.19$；

$\quad T_{\max}$、$T_{\min}$——最大、最小温度（℃）；

$\quad e_d$——实际水汽压（kPa）。

2. 温度法 ET_0 估算模型

（1）Hargreaves-Samani 法（H-S 法）

由于有些地区缺少太阳辐射数据，因此 Hargreaves 和 Samani 根据加利福尼亚州 8 年间的牛毛草蒸渗仪数据推导出了基于温差来反映辐射项的参考作物蒸发蒸腾量计算公式。该方法在缺少辐射资料的地区得到广泛应用，并被证明是一种有效的估算方法。该公式仅需要最高、最低气温，其计算公式为：

$$ET_0 = 0.002\,3 R_a(T + 17.8)(T_{\max} - T_{\min})^{0.5} \tag{9.1-4}$$

式中：R_a——大气顶层辐射通量[MJ/(m² · d)]；

　　　T_{max}、T_{min}、T——最高、最低和平均温度(℃)。

（2）Mc Cloud 法(Mc 法)

$$ET_0 = KW^{1.8T} \tag{9.1-5}$$

式中：K、W——常数，$K=0.254$，$W=1.07$；

　　　T——日平均温度(℃)。

3. 辐射法 ET_0 估算模型

（1）Priestley-Taylor 法(P-T 法)

P-T 公式是 Priestley 和 Taylor 于 1972 年在较湿润气候条件下提出的，假设无平流的条件下，以平衡蒸发为基础获得。该公式计算数据较少，应用方便。

$$ET_0 = \frac{\alpha}{\lambda} \frac{\Delta}{\Delta + \gamma} (R_n - G) \tag{9.1-6}$$

式中：R_n——输入冠层的净辐射通量[MJ/(m² · d)]；

　　　G——土壤热通量[MJ/(m² · d)]；

　　　α——常数，$\alpha=1.26$；

　　　Δ——饱和水汽压与温度关系曲线在某处的斜率(kPa/℃)；

　　　γ——干湿温度计常数(kPa/℃)；

　　　λ——水的蒸发潜热，缺省值取 2.45 MJ/kg。

（2）FAO - 24 Radiation(F-R 法)

在只有气温、日照、云量或辐射量等数据，而没有实测风速和平均相对湿度的地区，FAO 推荐采用此方法。采用这种方法时需要知道计算时段内的平均实际日照时数、平均温度，估计相对湿度和风速，然后根据 FAO 提供的最大可能日照时数等资料计算 ET_0，其计算公式如下：

$$ET_0 = a + b \frac{\Delta}{\Delta + \gamma} \frac{R_s}{\lambda} \tag{9.1-7}$$

式中：a 和 b——经验系数，a 取值为 -0.3，b 的表达式为

$$b = 1.066 - 0.001\ 3RH_{mea} + 0.045u_d - 0.000\ 2RH_{mea}u_d$$
$$- 0.000\ 031\ 5RH_{mea}^2 - 0.011u_d^2$$

其中：RH_{mea}——平均相对湿度(%)；

　　　u_d——白天平均风速(m/s)。

9.1.2 数据来源和评价方法

1. 数据来源

本次研究区域为淮涟灌区,气象数据来源为淮安市淮阴区农田水利试验站。淮阴区地处北亚热带和暖温带交界区,属暖温带半湿润季风气候,四季分明,年平均气温 14.1℃;光照充足,年平均日照时数为 2 233 h;降水丰沛,年平均降水量为 954.8 mm。

2. 评价方法

为了更好地评价模型估算值与实测值之间的相关性和无偏性,本研究主要采用 4 大类 5 个评价指标来评判模型的估算效果。

第一类:汇总统计指标,主要对模型预测值与实测值进行比较。本书采用实测平均值 $\bar{Q}$ 与模型估算平均值 $\bar{P}$,其计算公式为:

$$\bar{Q} = \frac{1}{N}\sum_{i=1}^{N} Q_i \ , \ \bar{P} = \frac{1}{N}\sum_{i=1}^{N} P_i \tag{9.1-8}$$

第二类:相关性指标,可以定量反映模型的最优性,但不能估计模型的无偏性。本书采用决定系数 R^2。

$$R^2 = \left[\frac{\sum_{i=1}^{N} (Q_i - \bar{Q})(P_i - \bar{P})}{\sqrt{\sum_{i=1}^{N} (Q_i - \bar{Q})^2} \sqrt{\sum_{i=1}^{N} (P_i - \bar{P})^2}}\right]^2 \tag{9.1-9}$$

第三类:绝对误差指标,可以反映模型的绝对无偏性和极值效应。本书采用均方根误差 R_{MSE}。

$$R_{MSE} = \sqrt{\frac{\sum_{i=1}^{N} (Q_i - P_i)^2}{N}} \tag{9.1-10}$$

第四类:相对误差指标,可以定量描述模型的相对无偏性。本书采用相对误差 R_E 和一致性指数 d,可由下式表示:

$$R_E = \frac{R_{MSE}}{\bar{Q}} \times 100\% \tag{9.1-11}$$

$$d = 1 - \frac{\sum\limits_{i=1}^{N} (P_i - Q_i)^2}{\sum\limits_{i=1}^{N} (|P_i - \bar{Q}| + |Q_i - \bar{Q}|)^2} \tag{9.1-12}$$

式中：Q_i——实测值；

$\bar{Q}$——实测值的平均值；

P_i——模型估算值；

$\bar{P}$——模型估算值的平均值。

当 $R^2 > 0.80$，$R_E \leqslant 25\%$，$d \geqslant 0.90$ 时，说明该模型在当地应用效果好。

9.1.3　结果分析

1. 日变化比较分析

利用淮安市丁集镇农田水利试验站 2018 年 6 月 1 日—10 月 10 日的日气象数据分别用式(9.1-1)～式(9.1-7)计算参考作物日蒸发蒸腾量,计算结果见图 9.1-1、图 9.1-2,气象因素的日均变化关系见图 9.1-3、图 9.1-4。可以发现随着时间的增长,参考作物蒸发蒸腾量大致呈现一个递减的过程,这与温度的降低、太阳辐射减少有着直接的关系。6 月下旬至 7 月上旬出现局部的低谷,这与当地进入梅雨季节,雨水增多、空气湿度变大,辐射和气温降低有关,之后随着天气放晴,气温逐渐回升,辐射逐渐增强,ET_0 逐渐增大。8 月上中旬 ET_0 明显弱于 7 月下旬,这与 8 月上中旬降雨较多,空气湿度较大,太阳辐射较之 7 月下旬有所减少有关。

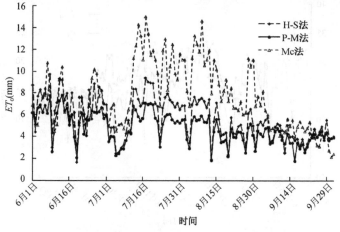

图 9.1-1　温度法日 ET_0 变化关系图

由图 9.1-1 和图 9.1-2 对比可知,温度法和辐射法相较于 FAO-56 公式尽管计算结果均有差异,但变化趋势是相同的,均是从 6 上旬至 7 月中旬呈现略微增长态势,从 7 月下旬至 10 月上旬逐渐减小,辐射法相较于温度法差异小,主要是由于 ET_0 与太阳辐射的相关系数高于温度。从图 9.1-1 中得知,温度法中的 H-S 法和 Mc 法与 P-M 法偏差较大,且在绝大部分时间偏大,Mc 法的偏差程度更高,部分日期日均 ET_0 偏离程度很大,这与 Mc 法参数过于单一(仅有 T_{mean}),且拟合公式为关于 T_{mean} 的指数公式有关。从图 9.1-2 中可以看出,辐射法中的 P-T 法和 F-R 法拟合程度较 P-M 法高,P-T 法的偏离程度较 F-R 法高,这是由于 F-R 公式中引入了风速和湿度校正,从而得出了精度更高的结果。

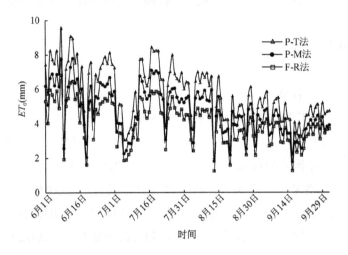

图 9.1-2   辐射法日 ET_0 变化关系图

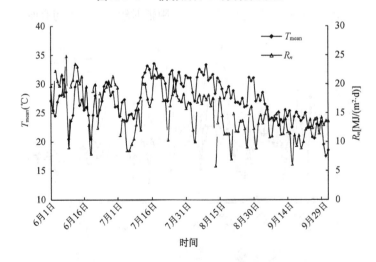

图 9.1-3   日平均温度和净辐射量变化关系图

太阳辐射和温度的变化趋势差异不大,整体表现为辐射越高,则当天的温度越高,反之,则温度越低。其中日平均温度较高出现在7月中旬至8月中旬,6月下旬至7月上旬出现低谷,太阳辐射在这段时间也出现较大降幅。

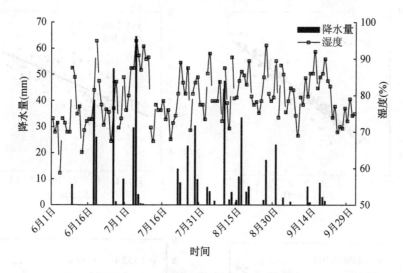

图9.1-4 日降水量与湿度变化关系图

湿度和日降水量之间也存在着一定的相关性,有降水出现的日期前后,空气中的湿度较高,其中6月下旬至7月上旬的日降水量出现最大值,这段时间的空气湿度也明显出现峰值,7月中旬由于降水少,气温高,湿度明显下降。

2. 计算结果对比分析

为了进一步分析各个方法的计算精确性,以P-M法为标准,分析P-M法和其他4种方法之间的相关性。淮安市丁集站点4种公式的相关性排序为:P-T法>F-R法>H-S法>Mc法。图9.1-5为温度法和辐射法计算结果分析图,分别统计了P-M法与H-S法、Mc法、P-T法和F-R法4种方法每日计算值之间的相关性。从图中可以看出,P-T法和F-R法的离散程度小,H-S法的离散程度较大,而Mc法的离散程度最大。

从表9.1-2中的统计参数可以看出,在温度法中H-S公式的应用效果较好,决定系数为0.90,均方根误差为1.21 mm,相对误差为25%,一致性指数为0.87。Mc公式与其他三种计算方法相比差异较大,单次计算误差最大,达到7.9 mm,决定系数仅为0.37,均方根误差为3.66 mm,相对误差为78%,一致性指数为0.49,这与该公式参数选取较少有着直接的关系,该公式虽然计算方式简便,但在淮涟灌区应用还需要进行一定的参数校正。辐射法中P-T公式和F-R公式的模型应用效果达到了较高的水平,两者的相关系数和一致性指数均接近 1,相对误差分别为 22% 和 16%,说明这两种公式在淮安市较为适用。P-T 法的决定系数略高于 F-R 法,但 F-R 法的均方根误差在 4 种方法中最小,为 0.77 mm。

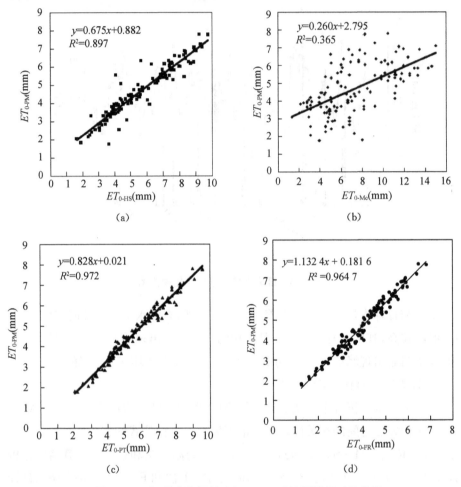

(a)   (b)

(c)   (d)

图 9.1-5　温度法和辐射法与 P-M 法计算结果对比分析

表 9.1-2　各计算公式和 P-M 法算得的日平均 ET_0 统计分析结果

计算方法		R^2	R_{MSE} (mm)	R_E	d	$\bar{Q}$ (mm)	$\bar{P}$ (mm)
温度法	H-S 法	0.90	1.21	0.25	0.87	5.64	4.69
	Mc 法	0.37	3.66	0.78	0.49	7.28	
辐射法	P-T 法	0.97	1.01	0.22	0.9	5.64	
	F-R 法	0.96	0.77	0.16	0.92	3.98	

3. ET_0 与气象因子的关系

参考作物 ET_0 受作物所处的环境和植被自身特征等因素的影响,其中环境因素主要包括太阳辐射、水汽压差、大气温度、土壤含水量、风速等外界因素。有研究认为,太阳辐射是以生长季为时间尺度的作物 ET_0 最主要影响因素,而气象因子则主要影响逐时的 ET_0 估算量。同时,植被类型、生长发育阶段等直接影响植被叶面积指数、冠层气孔阻力等特征值,从而对蒸发蒸腾量产生影响。

从图 9.1-6 中可以得出,参考作物 ET_0 与净辐射、水汽压差相关性较为显著,决定系数分别为 0.967 6 和 0.740 1,而与湿度和湿度的相关性稍差,其中,决定系数分别为 0.384 0 和 0.442 1,蒸发蒸腾量 ET_0 与净辐射、水汽压差呈现线性关系,与湿度呈负相关,与气温则呈指数关系。

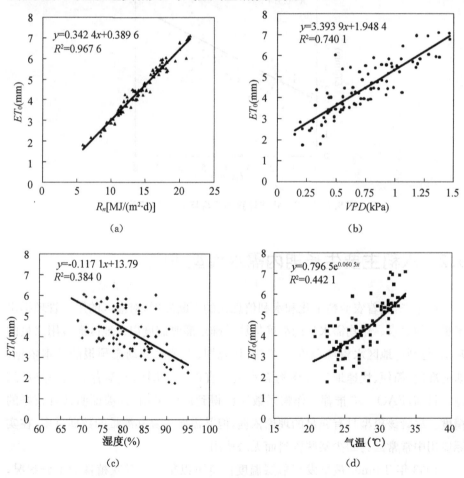

图 9.1-6　P-M 法计算的 ET_0 与气象因子之间的关系

在实际生产中水面蒸发量比较容易获得,而且一般认为参考作物蒸发蒸腾量(ET_0)和水面蒸发量(E_0)之间有着密切的联系,通常认为呈线性关系,本次研究依靠淮阴区农田水利试验站 $\varphi 20$ cm 的水面蒸发皿测得的日蒸发量数据建立了如下关系式:

$$ET_0 = aE_0 + b \tag{9.1-13}$$

式中:a、b——经验系数。

从图 9.1-7 中可以看出,参考作物蒸发蒸腾量(ET_0)和水面蒸发量(E_0)之间大致呈线性相关,决定系数为 0.514 1。

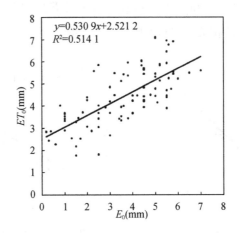

图 9.1-7　P - M 法计算的 ET_0 与 E_0 之间的关系

9.2　水稻主要生长期内需水模型研究

近年来,随着农业精细化和水利信息化的不断发展,对灌区的用水管理提出了更高的要求。作物需水量的准确估算是确定灌溉制度以及地区灌溉用水量的基础,是制定地区水资源调度方案、水利规划、土壤水分动态预报的基本依据。如何准确、简便、快速地估算作物需水量一直以来是国内外学者研究的热点问题。目前,FAO - 56 推荐的作物系数法已得到广泛采用,并被证明具有较好的精度。尽管该模型具有充足的理论依据,但其需要计算和测量的数据过多,在实际应用中常常因为缺少某些资料而无法使用。

1963 年 Tanner 最早发现冠层温度信息可以很好地反映植株的水分状况,其基本机理是当水分供应充足时,叶水势较高,叶片气孔处于开启状态,植株蒸腾旺盛,冠层温度较低;当水分供应不足时,叶水势降低,叶片气孔关闭,抑制蒸腾从而使冠层温度上升。针对冠层温度与作物需水量之间的关系,国内外学者做了大量的研究。Jackson 等认为在地表完全覆盖的情况下,土壤热通量可忽略不计,由此建立了作物需水量与冠气温差之间的经验统计模型。蔡焕杰等由实测冠层温度资料验证 Brown-Rosenberg 模型在冬小麦覆盖地面后农田的蒸散发量,其结果与波文比法之间的误差不超过±10%。魏征等通过 6 年冬小麦的田间试验,发现以冠层温度表达式计算的作物需水量与采用田间水量平衡计算的作物需水量呈显著线性关系。以上研究均表明通过作物表面冠层温度构建关于需水量的模型是可行的,但模型结构均较为复杂,且研究对象多集中于旱作物。为验证水稻这一强腾发作物是否有相似的变化规律,这里以淮涟灌区的水稻为试验研究对象,分析冠气温差与水稻需水之间的变化规律,并引入叶面积指数修正需水模型,以期为淮涟灌区实时监测水稻需水提供理论依据。

9.2.1 材料与方法

1. 试验区概况

本次试验在淮安市淮阴区农田水利试验站内进行。淮阴区地处北亚热带和暖温带交界区,属暖温带半湿润季风气候,四季分明,年平均气温 14.1℃;光照充足,年平均日照时数为 2 233 h;降水丰沛,年平均降水量为 954.8 mm。

淮阴区水利试验站位于淮阴区丁集镇农庄村,试验站占地 11 亩。试验区为沙壤土,饱和体积含水率为 47.35%,田间持水率为 35%,凋萎含水率为 7%,土壤容重为 1.4 g/cm³。此次试验的水稻品种为徽两优 898,全生育期 134 d。

2. 试验时段选取

作物不同生育期内,农田植被覆盖程度差异较大,在播种至封垄前阶段地表覆盖程度很低,利用红外遥感手段难以区分观测地表温度和作物冠层温度,只能测定地表和作物冠层的平均温度;在农田封垄后,利用红外测温仪观测农田表面温度时,土壤背景对冠层温度观测的影响很小,红外测温仪测定值即为作物冠层温度。因此,选择水稻发育繁盛期进行测量。

考虑水稻在返青期主要呈现恢复生长的状态,其生理指标状态不稳定,因此,本试验仅以水稻主要生长阶段中的分蘖期、拔节孕穗期、抽穗开花期、成熟期作为研究时段。植物生理数据和气象数据监测记录工作主要持续时间为 8—10 月。

3. 试验项目测定

(1) 冠层温度

采用 TYD-5A 型红外温度测量系统连续自动监测水稻冠层温度,冠层温度探头高度为 1.5 m,共 2 个,均匀分布在田间,每 15 min 采集一次数据。为便于区分不同的土壤水分状况,冠气温差测量最佳时机选在冠层温度与气温差值为最大时。研究表明,12:00～14:00 为水稻的生理活动旺盛时期,此时冠气温差值最能代表当前水稻植株的生理状况,在这一段时间内可以加测。

(2) 叶面积指数(LAI)

水稻叶面积指数的测量方法为人工测量,在实验阶段每隔 7 d 对两个测桶内的水稻测定一次叶面积。具体方法为:量取所有水稻叶面的长度和宽度,再乘以折算系数(0.78)。单桶水稻的叶面积指数＝水稻叶面积/测桶面积。

(3) 水稻日需水量

每个测桶栽插两株水稻,测定方式为称重法,测桶为有底测桶,分布在田间东西两头,为保证测量精确性,测桶外另设置一套筒,并且将其埋入大田,保持测桶内水稻高度与大田水稻高度一致。测桶面积为 35 cm×35 cm,测桶深度为 50 cm,每天早上 8 点测量桶重,换算成前一天的作物需水量。

(4) 气象资料

由淮安市淮阴区农田水利试验站提供日最大最小温度、湿度、降雨量、蒸发量等气象数据,图 9.2-1 为数据采集现场图片。

(a) 红外温度测量系统

(b) 叶面积指数测定

（c）称重法测日需水量　　　　　　　（d）小型气象站

图 9.2-1　数据采集现场资料

9.2.2　冠层温度与空气温度变化规律

1. 冠层温度逐时变化规律

图 9.2-2、图 9.2-3、图 9.2-4 分别为 2018 年水稻在拔节孕穗期、抽穗开花期和成熟期晴、雨天大气温度（T_a）和冠层温度（T_c）以及冠气温差（$T_c - T_a$）的日变化关系图。由此可以发现，水稻冠层温度的变化趋势和大气温度的变化趋势基本一致，且一般低于大气温度，这一现象在晴天、水稻生长旺盛的时间段更为显著。冠气温差随着太阳辐射的变化在一天内呈先增大再减小后增大的规律。凌晨至早上 6 点，此时太阳辐射较弱，大气温度和冠层温度均比较低，此时的冠气温差较接近 0；8 点至 12 点，随着太阳辐射的增加，冠层温度和大气温度都有着不同程度的升高，冠层温度的增幅大于大气温度，在达到最大值后，冠层温度稍高于大气温度，然后又随着太阳辐射的减小，二者都逐渐降低。雨天冠层温度和大气温度的变化规律相近于晴天，但变化幅度弱于晴天，冠气温差一般都大于 −1℃，且最小值一般出现在 12～14 点。

8 月 24 日 0 点至上午 8 点水稻冠层温度低于大气温度；上午 8 点至 12 点时段内，冠气温差增大，至 12 点前后，冠层温度明显高于大气温度，冠气温差出现正值；12 点之后，冠层温度迅速下降，并且在 15 点左右冠气温差出现最小值，大致为 −3℃，这主要是由于水稻处于生长繁盛的阶段，蒸发蒸腾量很大，因而冠气温差比较大；15 点以后冠气温差迅速减小，在 18 点以后冠层温度和大气温度十分接近。

8月27日阴雨天冠层温度和大气温度的变化趋势相近,冠气温差一般都小于0,且一般都大于-1℃。在14:30左右冠气温差出现最小值。

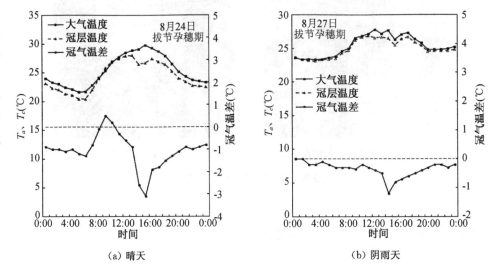

图9.2-2　拔节孕穗期晴、雨日冠层温度和大气温度变化关系

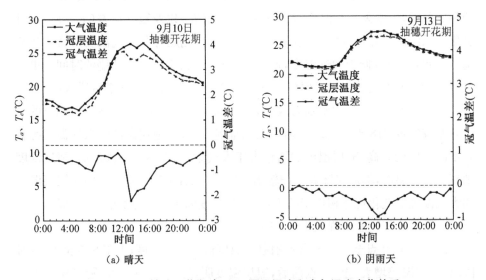

图9.2-3　抽穗开花期晴、雨日冠层温度和大气温度变化关系

9月10日0点至8点,冠气温差变化不大,约为-0.5℃;8~12点冠气温差逐渐增大;13点左右冠气温差达到最小值-2.1℃,相较于拔节孕穗期,抽穗开

花期的冠气温差更大一些,且最小值出现的时间略微提前;20点以后,冠气温差值一般大于-0.5℃。

9月13日阴雨天气冠层温度和大气温度的变化规律非常接近,且冠气温差值均小于0,在13点左右冠气温差出现最小值-0.9℃;其余冠气温差值一般都大于-0.5℃,相较于拔节孕穗期变化程度小。

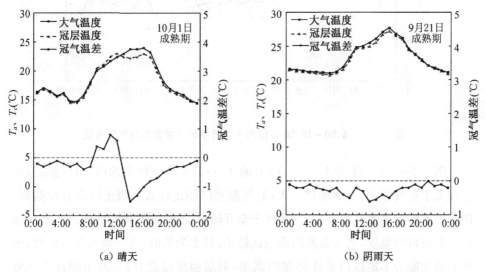

(a) 晴天 (b) 阴雨天

图9.2-4 成熟期晴、雨日冠层温度和大气温度变化关系

10月1日水稻进入成熟期,此时冠气温差的变化虽与上述两个生育阶段类似,但由于地面裸露面积扩大,地表温度影响较大。凌晨至8点,冠气温差值一般都在-0.3℃以内;在12点左右,冠气温差达到最大值1℃左右,14~15点,达到最小,大致为-1.5℃,但冠气温差最小值大于前面两个生育期,这是由水稻进入成熟期,生理活动减小所致;14时以后,冠气温差逐步变大。

9月21日为阴雨天气,与上述两个生育阶段相比,冠层温度更接近于大气温度。

2. 冠层温度日变化规律

图9.2-5为2018年8月25日抽穗开花期至成熟期间6:00~18:00时段内水稻日平均冠层温度和气温变化图。结果显示,在阴雨条件(8月27日、8月31日、9月17日)下二者非常接近,差值很小;在天气晴朗的情况下,8月25日至9月18日抽穗开花期,日平均冠层温度一般低于日平均气温,这是因为水稻处于抽穗开花期,需水量大,蒸发蒸腾量相较于成熟期多,冠气温差最小值在8月26日,为-3.5℃;9月19—24日为成熟期,冠气温差进一步缩小,差值小于1℃,这是由水稻进入成熟期,蒸腾蒸发作用减小所致。

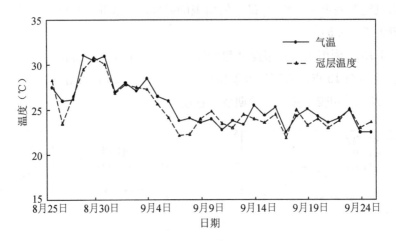

图 9.2-5　6:00～18:00 时段内水稻日平均冠层温度与气温变化

　　图 9.2-5 中 8 月 30 日、9 月 11 日灌水,可以发现在灌水的前一日冠层温度往往大于空气温度,而灌水这一天,冠气温差降幅比较大。当土壤水分较高时,能满足水稻的蒸发蒸腾需要,气孔处于全开阶段,足够的蒸腾能够使水稻冠层保持一个较低的温度,冠气温差因而也比较小,且多为负值;当土壤水分较低时,土壤的供水能力不足以满足作物蒸腾需求,冠层温度就会升高,甚至超过大气温度。随着生育阶段的延续,大气温度和辐射逐渐降低,冠气温差却有逐渐上升的趋势,其主要原因在于,后期温度较低,大气蒸腾能力较弱,水稻可以在较高的冠气温差下维持正常生长,此外也与叶片为保持一定的活性而进行的自身温度调节有关。

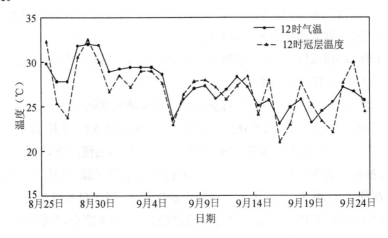

图 9.2-6　12:00 瞬时水稻冠层温度与气温变化

图 9.2-6 为 2018 年抽穗开花期至成熟期间 12:00 瞬时水稻冠层温度和气温变化图。结果显示,在抽穗开花期,12 时瞬时冠层温度基本低于气温,随着生育期的延续,冠层温度逐渐高于气温,最高达到 3.3℃。

表 9.2-1 显示不同时间尺度水稻冠层温度与气温相关关系,在回归方程设置截距为 0 的情况下,R^2 差异性较大。其中,8:00~17:00 时段内日平均水稻冠层温度与气温相关性最高,R^2 达到 0.826 4。12:00 瞬时水稻冠层温度与气温相关性则较弱,R^2 为 0.612 3。

表 9.2-1　不同时间尺度水稻冠层温度与气温关系

时间尺度	回归方程	R^2	样本数
12:00 瞬时值	$y=0.985\ 1x$	0.612 3	40
8:00~17:00 时段内日平均值	$y=0.983\ 7x$	0.826 4	40

注:y 为冠层温度(℃),x 为气温(℃),回归方程设定截距为 0。

9.2.3　水稻需水量估算模型

作物需水量受所处的环境和植被自身特征等因素的影响,其中环境因素主要包括太阳辐射、水汽压差、大气温度、土壤含水量、风速等外界因素。同时,植被类型、生长发育阶段等直接影响植被叶面积指数、冠层气孔阻力等特征值。根据国内外大量关于 SPAC 系统的试验成果以及机理分析,作物需水量的大小取决于作物因素(P)、气象因素(A)和土壤因素(S)。

1. 基于冠层温度和净辐射的作物需水量计算模型

作物冠层温度是由土壤—植物—大气连续体内的热量和水汽流决定的,它反映了作物和大气间的能量交换,所以,对流、辐射和蒸腾均影响着作物冠层温度。冠层温度法估算蒸散发的理论是建立在能量平衡原理基础上的。能量平衡方程为:

$$R_n = H + \lambda E + G \qquad (9.2\text{-}1)$$

式中:R_n——净辐射通量(W/m²);

　　H——显热通量(W/m²);

　　λE——潜热通量(W/m²);

　　G——土壤热通量(W/m²),在作物完全覆盖地面后,G 可忽略不计。

通过假定作物的冠层和周围的空气均处于饱和状态,这时冠层阻力可以忽略不计,可以得到:

$$ET = \frac{R_n - G}{1 + \gamma \dfrac{T_c - T_a}{e_s(T_c)e_s(T)}} \qquad (9.2\text{-}2)$$

式中：γ——干湿球温度计常数（kPa/℃）；

$e_s(T)$——蒸散面在该温度下的饱和水汽压（kPa）；

T_c——冠层温度（℃）；

T_a——大气温度（℃）。

若将蒸散面上不同高度的空气动力学阻力视为一致，则得到：

$$ET = R_n - G - \rho C_p(T_c - T_a)/r_a \qquad (9.2\text{-}3)$$

式中：ρ——空气密度（kg/m³）；

C_p——空气的定压比热[J/(kg·℃)]；

r_a——空气动力学阻力（s/m）。

忽略能量平衡中贡献较小的土壤热通量得到下式：

$$ET = aR_n + b(T_c - T_a) + c \qquad (9.2\text{-}4)$$

式中：a、b、c——经验系数，其余各项与上式相同。

现通过实际水稻日需水量 ET 分别与冠层温度 T_a、饱和水汽压差 VPD、冠气温差（$T_c - T_a$）以及太阳净辐射通量 R_n 建立相关性分析模型，如图 9.2-7 所示。作物需水量 ET 与冠气温差和太阳净辐射通量的相关系数最大，分别为 0.743 和 0.866，其次为饱和水汽压差，为 0.608，和冠层温度的相关系数最差，仅为 0.437。

其中水稻日需水量与太阳净辐射通量、饱和水汽压差呈正线性相关，与冠气温差呈负线性相关，与冠层温度呈指数相关，这是由于太阳辐射能够综合反映当时的天气状况，冠气温差则较好地表现水稻的缺水程度，饱和水汽压差和冠层温度虽然在一定程度上与作物需水量相关，但关系不显著。

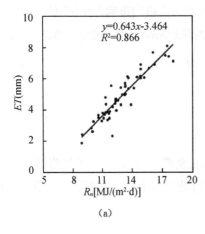

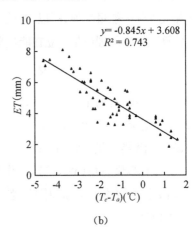

(a)　　　　　　　　　　　　(b)

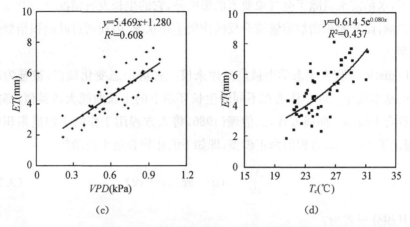

图 9.2-7　各影响因素与水稻需水量关系

各因素相关系数以及排序如表 9.2-2 所示。

表 9.2-2　水稻需水量与各影响因素相关性

影响因子	净辐射通量	冠气温差	饱和水汽压差	冠层温度
相关系数	0.866	0.743	0.608	0.437
顺序	1	2	3	4

从相关性分析中可以看出，水稻实际需水量与冠气温差和净辐射通量的相关性最大，且均为线性关系，因而水稻需水量的估算模型可以由太阳辐射通量和冠气温差表达。通过 SPSS 软件对式(9.2-4)进行回归分析，参数 a、b 的标准误差均很小，决定系数 $R^2 = 0.864$，即模型能解释 86.4% 的变异，说明模型在整体上是可用的，见表 9.2-3。

表 9.2-3　回归模型参数估计值

参数	a	b	c	决定系数 R^2
估计值	0.420	−0.318	0.866	0.864

2. 基于叶面积指数的修正模型

叶面积指数可以定量地描述群体水平上叶子的生长和叶子密度的变化，是进行植物群体和群落生长分析的一个参数。植物绿色叶片的大小对光能利用、干物质积累、收获量及经济效益都有显著的影响，是农作物良种选育的一个重要参数。建立适宜的叶面积指数动态生长模拟模型不仅能反映特定区域作物叶面积指数的动态变化，还可用于区域作物生长及产量模拟的研究。在充分灌溉的情况下,水稻需水量除了受气象要素的影响外,它的生长发育情况也会对需水量构成影响,而叶面积指数能够综合反映作物生长状况,因而通过叶面积指数修正该模型。

Logistic 方程在生态学中被广泛用来模拟种群动态变化规律,被誉为种群增长的基本规律。同一作物在不同的生长环境下的生长曲线大体类似,都能较好地符合 Logistic 曲线方程,王信理(1986)将该方程用于作物干物质累积模型中,提出了 Logistic 方程的修正模型,即如下的作物普适生长函数:

$$\frac{1}{x} \cdot \frac{\mathrm{d}x}{\mathrm{d}t} = (a + bx)(c + \mathrm{d}t) \tag{9.2-5}$$

其积分形式为:

$$LAI = \frac{LAI_{max}}{1 + \exp(c_3 t^3 + c_2 t^2 + c_1 t + c_0)} \tag{9.2-6}$$

式中:t——水稻栽插之后的天数(d);

LAI_{max}——理论最大叶面积指数(m^2/m^2);

c_0, c_1, c_2, c_3——参数。

由于水稻在生育前期,叶面积指数增长缓慢,且叶面积指数较小,不易观测,因此不考虑此段时间内叶面积指数变化。本书只对返青至成熟期的数据进行拟合,采用公式(9.2-6)的形式,先对曲线的修正形式进行变化,得到:

$$\ln\left(\frac{LAI_{max}}{LAI} - 1\right) = c_0 + c_1 t + c_2 t^2 + c_3 t^3 \tag{9.2-7}$$

实测的叶面积指数见表 9.2-4,拟合结果见图 9.2-8、表 9.2-5。

表 9.2-4 2018 年试验区实测水稻叶面积指数

栽后天数(d)	40	47	54	61	68	75	82	89
叶面积指数(m^2/m^2)	6.32	8.32	8.97	7.42	5.05	3.87	1.87	0.95

表 9.2-5 Logistic 方程拟合参数

参数	LAI_{max}(m^2/m^2)	c_0	c_1	c_2	c_3	R^2
取值	9.2	61.03	−3.11	4.85×10^{-2}	-2.38×10^{-4}	0.906

该作物生长模型为单峰曲线,通过上述曲线拟合所得的结果,我们可以根据栽插天数估算得到水稻分蘖期后叶面积指数。

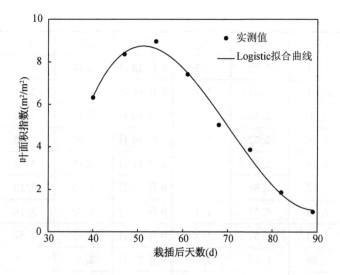

图 9.2-8　Logistic 方程拟合叶面积指数

当水稻为充分灌溉时,作物系数为实际作物需水量和参考作物需水量之比,即

$$K_c = \frac{ET}{ET_0} \tag{9.2-8}$$

式中:K_c——作物系数;

$\quad$ ET——实际作物需水量(mm);

$\quad$ ET_0——参考作物需水量(mm)。

本次研究通过 P-M 公式计算参考作物需水量,称重法计算日需水量,从而获得试验区水稻每日的作物系数 K_c 值,计算结果见表 9.2-6。

表 9.2-6　2018 年试验区水稻作物系数表

日期	ET_0	ET	K_c	日期	ET_0	ET	K_c
8月9日	6.09	8.23	1.35	9月6日	3.67	4.73	1.29
8月10日	5.91	7.80	1.32	9月7日	3.79	4.62	1.22
8月11日	5.84	7.59	1.3	9月8日	4.91	6.04	1.23
8月12日	6.56	8.92	1.36	9月9日	5.26	6.78	1.29
8月13日	2.86	3.66	1.28	9月10日	4.91	5.94	1.21
8月14日	4.88	6.25	1.28	9月11日	4.04	4.76	1.18
8月15日	6.13	8.15	1.33	9月12日	3.68	4.23	1.15

日期	ET_0	ET	K_c	日期	ET_0	ET	K_c
8月16日	4.94	6.72	1.36	9月13日	4.70	5.50	1.17
8月17日	3.81	5.03	1.32	9月14日	3.77	4.30	1.14
8月18日	3.89	5.18	1.33	9月15日	3.77	4.25	1.13
8月19日	4.06	5.52	1.36	9月16日	1.95	2.06	1.06
8月20日	2.39	2.89	1.21	9月17日	3.78	4.08	1.08
8月21日	5.17	7.61	1.47	9月18日	3.19	3.13	0.98
8月22日	4.33	6.11	1.41	9月19日	3.60	3.78	1.05
8月23日	4.29	5.97	1.39	9月20日	2.81	2.67	0.95
8月24日	4.89	6.75	1.38	9月21日	3.38	4.19	1.24
8月25日	4.84	6.63	1.37	9月22日	4.06	3.78	0.93
8月26日	4.06	5.28	1.30	9月23日	4.35	4.35	1.00
8月27日	2.79	3.59	1.29	9月24日	4.64	5.06	1.09
8月28日	5.31	7.28	1.37	9月25日	4.36	4.14	0.95
8月29日	5.66	8.44	1.49	9月26日	4.64	4.73	1.02
8月30日	4.57	6.08	1.33	9月27日	4.92	5.06	1.03
8月31日	2.94	3.62	1.23	9月28日	4.05	3.69	0.91
9月1日	4.95	6.68	1.35	9月29日	4.82	4.87	1.01
9月2日	4.66	5.92	1.27	9月30日	4.02	3.62	0.90
9月3日	4.43	5.45	1.23	10月1日	4.22	3.88	0.92
9月4日	5.24	6.65	1.27	10月2日	4.30	4.05	0.94
9月5日	5.34	7.37	1.38				

李远华等(1994)通过冬玉米和夏小麦的试验研究发现,对于正常生长的作物,当土壤水分充足时,植物因素对作物需水量的影响常采用作物系数 K_c。由于植物因素对作物蒸发蒸腾量的影响包括两个方面,即植物蒸腾量取决于气孔数量的多少,叶面积越大,气孔数目越多;另一方面,叶面积越大,棵间土壤蒸发量越小。因而,植物生长发育的模型修正项 K_c 可表达为叶面积指数的函数,即

$$K_c = a \cdot LAI + b \tag{9.2-9}$$

图 9.2-9 描述了 2018 年试验区水稻叶面积指数和作物系数之间的相关关

系,从图中可以看出,作物系数和叶面积指数之间大致呈线性关系,即随着LAI的增长,K_c也呈逐渐增长的趋势,水稻在拔节孕穗至抽穗开花这一时期二者均达到最大值,随后逐渐降低。通过回归分析,二者的决定系数为0.802 8,形式如下:

$$K_c = 0.056\ 4LAI + 0.900 \tag{9.2-10}$$

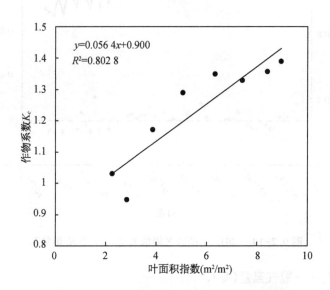

图9.2-9 2018年试验区水稻叶面积指数和作物系数关系图

将式(9.2-8)与式(9.2-10)联立,可获得栽后天数或者叶面积指数关于作物系数的函数,即

$$K_c = 0.056\ 4 \times \frac{LAI_{\max}}{1 + \exp(c_0 + c_1 t + c_2 t^2 + c_3 t^3)} + 0.900 \tag{9.2-11}$$

模拟的K_c值与实测的K_c值之间的关系如图9.2-10所示。

通过图9.2-10可知,由于气象因素、土壤水分因素,模拟的K_c和实测的K_c之间确实存在差异,但是实测的K_c一般在模拟的K_c上下波动,且二者的拟合残差也在0上下波动。

通过上述分析得到作物实际需水量的修正形式:

$$ET = (a \cdot LAI + b)[cR_n + d(T_c - T_a) + e] \tag{9.2-12}$$

式中:LAI——叶面积指数(m^2/m^2);

R_n——太阳净辐射通量$[MJ/(m^2 \cdot d)]$;

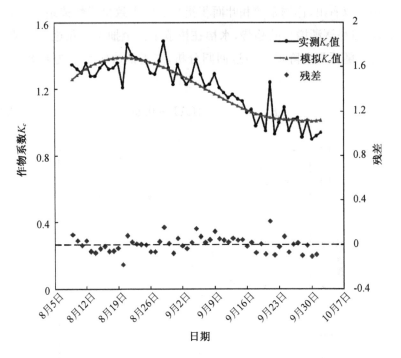

图 9.2-10 2018 年试验区模拟 K_c 值与实测 K_c 值关系

$T_c - T_a$——冠气温差(℃);

a、b、c、d、e——经验系数。

通过 SPSS 软件非线性回归分析模块确定经验系数,得到 $a=0.018,b=0.890,c=0.420,d=-0.318,e=0.866$。决定系数 R^2 为 0.906,该模型能解释 90.6%的变异,说明该修正模型整体优于第一个模型。

3. 模型验证与比较

为了更好地评价两个模型与实测值之间的相关性和无偏性,采用 5 个评价指标来评判模型的估算效果,分别为平均值、相关性指标 R^2、绝对误差指标 R_{MSE}、相对误差指标 R_E、一致性指数 d。当 $R^2 > 0.85,R_E \leqslant 25\%$,$d \geqslant 0.90$ 时,说明该模型应用效果好。

如图 9.2-11 所示,从整体上看,作物需水量大体呈一个先减小后增大再逐步减小的过程,8 月中旬有一个低谷,主要是因为 8 月中旬降雨较多,且日际气象条件变化快,因而作物需水量相对减少,后期随着生育期的延续需水量逐渐降低。其中最大的实测作物需水发生在 8 月 12 日,日需水量为 8.92 mm。两个模型的计算结果与实际作物需水量非常接近,拟合的残差基本都在零值附近波动,

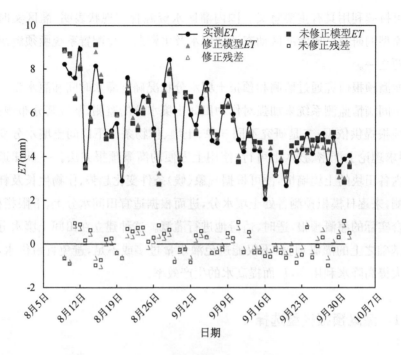

图 9.2-11　2018 年试验区 8—10 月作物需水模拟图

相对来说,通过叶面积指数修正的模型拟合结果更加趋近于真实值。

表 9.2-7　模型与实测需水量统计分析结果

模型	R^2	R_{MSE}(mm)	R_E	d
原模型	0.864	0.593	11.11%	0.963
修正模型	0.906	0.504	9.44%	0.975

从统计分析结果表 9.2-7 中可知,修正模型的决定系数 R^2 在 90% 以上;修正模型的均方根误差较原模型低 0.1 mm 左右;相对误差较原模型少 1.67%;修正模型的一致性指数较原模型高。从各项统计性指标来看,修正模型的拟合优度更高。

9.3　淮涟灌区灌溉预报研究

灌溉预报是灌区水分管理、编制动态用水计划、实现灌区综合节水战略目标的核心内容。以实时灌溉预报来指导灌溉用水,使灌区作物得到"适时""适量""适地"的灌溉,将有利于节约农业用水,满足现代化农业要求,对实现灌区水资源的可持续利用具有重要意义。国内灌区水资源管理现状表明,灌区实时灌溉预报模型的研究已成为灌区动态计划用水及水资源优化配置系统亟须解决的关键问题之一。

灌溉预报研究通过监测和预报土壤水分状况确定灌水时间和灌水量。一是建立田间墒情监测系统来加强对作物田间土壤水分的监测,掌握其分布规律,为灌溉预报提供依据;二是研究不同气象、土壤、作物条件下田间土壤水分变化规律,寻求理论上严密、技术上可行、使用上方便的灌溉预报方法。一旦知道灌区范围内各田块的土壤墒情,便可根据气象(候)条件变化趋势、作物生长及耗水量等预测,来逐日模拟预测各处土壤水分,进而根据适宜田间水分上、下限指标,做出符合实际的灌溉预报,适时、适量地进行灌溉。这种建立在田间土壤水分变化规律基础之上的灌溉预报,不仅能避免灌水量过多或不足,避免盲目供水,同时能大大提高降水利用率,从而提高水的生产效率。

9.3.1 灌溉预报模型选择

进行灌溉预报,就要获知农田水分消耗和水分补给过程。农田水分消耗的过程主要有植株蒸腾、棵间蒸发和田间渗漏。农田水分补给的途径主要有灌溉、降水、地下水的补给。农田水分消耗中,植株蒸腾和棵间蒸发合成腾发量,通常称腾发量为作物需水量。田间渗漏是指水稻田的渗漏,对水稻田来说,将稻田渗漏量计入需水量,称为田间耗水量。作物根系活动层内土体的水分是作物吸收利用消耗水分的主要来源。通过对农田水分消耗和补给过程的把握,将作物根系活动层内土体水分控制在一个合适的范围,是灌溉预报的目的。图9.3-1是农田水文循环过程。

灌溉预报的基础和关键是田间土壤水分的实时预报,20世纪70年代起,美国学者开始使用中子仪监测土壤水分,并以水量平衡原理等方法为基础构建了简单的土壤水分预报模型。80年代初,国内专家研究了许多土壤水分预报的方法并应用于实践,卓有成效。目前的灌溉预报模型大体分为两类,即确定性模型和随机性模型。

1. 确定性模型

(1)水量平衡模型

水量平衡法以田间水量平衡方程为理论基础,以预报时段内的土壤含水量或水层深度变换为主要研究对象,结合天气预报和作物的生长发育状况,以确定时段末的土壤含水量及其达到含水量下限的具体时间,以此为依据判断作物是否需要进行灌溉,如需要灌溉,则计算灌水量。

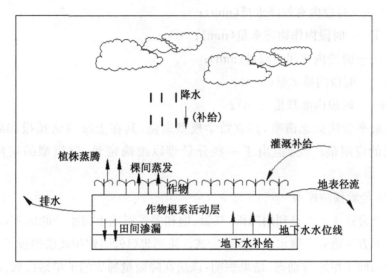

图 9.3-1 农田水文循环过程

① 旱作物水量平衡原理

对于旱作物,在整个生育期任何一个时段 t,土壤计划湿润层(H)内储水量的变化的水量平衡方程如下:

$$W_2 = W_1 + P_0 - ET + W_r + G_e + M \qquad (9.3-1)$$

式中:W_1——时段初土壤储水量(mm);

W_2——时段末土壤储水量(mm);

P_0——时段内有效降水量(mm);

G_e——时段内地下水利用量(mm);

ET——时段内作物需水量(mm);

M——时段内灌水量(mm);

W_r——计划湿润层增深部分的土壤储水量(mm)。

② 水稻水量平衡原理

对于水稻的各个生育期时段 t,农田水分的变化决定于该时段的来水和耗水之间的消长,可以用水量平衡方程来表示:

$$h_2 = h_1 + P_0 - (ET + D + d) + m \qquad (9.3-2)$$

式中：h_1——时段初田面水层深度（mm）；

$\quad\quad$ h_2——时段末田面水层深度（mm）；

$\quad\quad$ P_0——时段内有效降水量（mm）；

$\quad\quad$ ET——时段内作物需水量（mm）；

$\quad\quad$ D——时段内田间渗漏量（mm）；

$\quad\quad$ d——时段内排水量（mm）；

$\quad\quad$ m——时段内灌溉量（mm）。

水量平衡法概念清晰，建立数学模型简便，其在土壤墒情预报和灌溉预报方面的应用很广泛，但由于一些分量难以准确定量，该模型的应用受到限制。

（2）经验预测模型

经验公式法主要是利用降雨、气温、饱和差等影响土壤水分的因素，通过数理统计的方法建立土壤水分的预报公式。康绍忠（1990）曾用此法预报了灌溉条件下的田间土壤水分动态，结果表明：该法在降雨量稀少的干旱地区较为适用。匡成荣等（2001）根据稻田浅层地下水由地表向下消退的过程，建立了土壤含水量与地下水埋深之间的函数关系，大致呈幂函数的变化规律：

$$\theta = aH^b \tag{9.3-3}$$

式中：θ——土壤重量含水量（%）；

$\quad\quad$ H——地下水埋深（m）；

$\quad\quad$ a、b——经验系数。

尚松浩等（2000）采用经验方法拟合得到土壤含水量消退关系，建立了冬小麦生育期土壤墒情预报的经验递推模型：

$$W_{t+1} = W_t \cdot \exp(-k\Delta t) + P + I \tag{9.3-4}$$

式中：W_t——第 t 日土壤贮水量（mm）；

$\quad\quad$ W_{t+1}——第 $t+1$ 日土壤贮水量（mm）；

$\quad\quad$ Δt——预报时间间隔；

$\quad\quad$ k——土壤水分消退系数，主要与气象、土壤、作物等条件有关；

$\quad\quad$ P——时段内有效降水量（mm）；

$\quad\quad$ I——灌溉水量（mm）。

该模型的特点是比较简单且参数较少，其主要局限性是模型中消退系数地域性、时域性较强。

（3）土壤水动力学模型

土壤水动力学模型又称机理模型，其基本思想是：以田间灌溉田地为研究对象，把地表水、地下水看作土壤水分运动的边界条件，通过输入作物各生育期内未来的降水、有关气象因素及根系吸水层深度等，预报土壤剖面的含水量（基质势）的变化，根据土壤含水量的变化进行作物灌溉预报。

水动力学方程在一维条件下为：

$$C(\psi)\frac{\partial \psi}{\partial t} = \nabla \cdot (K(\psi)\nabla \psi) - \frac{\partial K(\psi)}{\partial z} - S(z,t) \tag{9.3-5}$$

式中：C——比水容量，$C = \dfrac{\mathrm{d}\theta}{\mathrm{d}\psi}$；

　　　θ——体积含水量（%）；

　　　ψ——土水势；

　　　t——时间；

　　　∇——nabla 算子；

　　　z——垂向坐标（向下为正）；

　　　K——非饱和导水率；

　　　S——根系吸水速率，当 $z > Lr$（有效根系深度）时，$S = 0$。

以上方程加上初始条件和边界条件就构成一定解问题，利用数值方法进行求解可得到土壤水分的时空变化。

水动力学模型的优越之处是考虑了地下水或深层土壤水的影响，其计算结果较为符合实际，且该方法具有坚实的物理背景，可以预报分层土壤水分动态。但是该方法需要取得许多难以测定的土壤和作物特征参数，且这些参数又存在着相当大的空间变异，这些都限制了该方法的大田应用。

（4）平原水文模型

平原水文模型表达了以垂向水分运行为主的单元模块上的水文过程。在垂向上，土柱分为非饱和的土壤层和饱和的地下水层，非饱和的土壤层又分为疏松的上层和密实的下层，土壤中的水分可分为张力水和自由水。该方法通过运用平原水文模型，参考不同作物不同生长期蒸发蒸腾特点及土层结构和土层蓄水量与土壤墒情之间的关系，构建区域土壤墒情模型。

该类模型物理概念明确，可连续模拟或预报区域土壤墒情，且预报精度高。在应用时具有所需信息量少、实用性强和操作方便等特点。模型应用的难点在于需要长系列的降水、径流或地下水位和土壤含水量资料来率定模型的参数，其理论和机构上还存在不合理的地方需要改进，以便于使其成为更为实用的土壤墒情预报模型。

（5）作物生理指标模型

作物生理指标法是依靠作物对水分亏缺的反应来进行灌溉预报的，作物最敏感的反应就是生长率降低和气孔关闭。虽然可以用叶片气孔计直接测量气孔的电导系数，但是其需要校正和大量的叶片样本，这就限制了该方法的应用。经过研究人们了解到，作物气孔关闭造成作物体内能量散失的减少，从而引起了作物冠层温度的升高。因此，人们将冠层温度作为作物水分胁迫的一个指标，通过测量它来进行灌溉预报。

1963 年，Tanner 就对该方法进行了研究，但是目前最流行的是 Isdo 和他的同事提出的观点。他们根据在干旱地区获得的数据，提出了"作物水分胁迫指数"（Corp Water Stress Index，CWSI）的概念并用"无水分亏缺的基线"表示充分灌溉作物的冠层温度。许多研究表明，该方法对于湿润地区不适合，针对这一问题，Jackson 等用冠层温度来预测作物腾发量，建立了作物腾发量与净辐射、冠气温差的关系式，将日胁迫度（SDD）作为确定灌水时间和灌水量的指标。

2. 随机性模型

确定性方法大多是把土壤水分变化作为确定性过程，然后探讨土壤水分与时间，或与气温、降水等气象因素之间的关系建立确定性模型，随机性方法则考虑了土壤水分变化的随机特点，用随机模拟方法来探讨田间土壤水分的变化过程。

（1）时间序列模型

康绍忠（1990）认为土壤水分随时间的变化具有如下三个特点：其一是由于作物需水规律和气候的周期变化，土壤水分的变化呈周期性；其二是由于某些随机的气候波动，土壤水分的变化在不同年份的相同阶段并不相同；其三是由于气候的趋势变化或生态环境的变迁，土壤水分在不同年份呈趋势性的上升或下降。这一变化规律能用时间序列的通用加法模型表示如下：

$$\theta(t) = f(t) + p(t) + s(t) \tag{9.3-6}$$

式中：$\theta(t)$——时间 t（$t=1,2,3,\cdots,N$）时某点（某一深度处）的土壤含水量，N 为
　　　　土壤水分变化时间序列的样本数量；

　　　$f(t)$——趋势分量；

　　　$p(t)$——周期分量；

$s(t)$——随机分量。

随机方法具有所需参数少的优点,但是,一般比较复杂,年际气候因素变化较大时,其稳定性还有待研究。在应用康绍忠等提出的随机方法时,需要当地多年的土壤墒情监测资料,而且该方法中有效谐波数和自回归模型的阶数的准确选择,对模拟或预报的精度有较大影响。

(2)随机水量平衡模型与随机土壤水动力学模型

以水量平衡模型或土壤水动力学模型为基础,考虑模型的输入(降水、蒸发蒸腾等)和有关参数(土壤特性等)的时域随机性与空间变异性,即可得到相应的随机性模型。

对于时域随机性,首先用适当的随机过程模型来描述降水、蒸发蒸腾等的随机变化特性,然后建立描述土壤水分动态的状态空间模型或随机微分(差分)方程模型,即可求解得到土壤水分的概率分布。

对于空间变异性,有两种处理方法:一种是分布式模型方法。将研究区域分成若干子区,每一子区内的输入或参数为一确定量,然后利用一维水量平衡模型或水动力学模型进行土壤水分动态的模拟和预测,最后将各子区的结果进行综合,即可得到研究区域土壤水分的时空变化。另一种方法是利用概率分布函数来描述有关输入及参数的空间变异特性,并利用参数的若干随机生成样本进行模拟,进行统计分析后得到土壤水分的统计特性。

3. 其他方法

(1)神经网络模型

计算机人工神经网络(ANN)是 20 世纪 80 年代国际上迅速兴起的非线性科学,因为其有自组织、自适应及自学习的功能,在近十几年来得到飞速发展并成功应用于诸多领域,在人工智能、信号处理、自动控制和模式识别等领域取得令人瞩目的成果。神经网络法是模仿人类智能,在网络模型内部利用反馈机制,进行隐式推理,寻找客观世界相互关联事物之间的关系。神经网络分析方法应用于土壤墒情预测,只需要分析目标地区的主要墒情影响因子并依据主要影响因子进行分组或数值量化表示,选取具有普遍代表性的一系列样本对神经网络模型进行训练并得出神经网络模型参数,神经网络模型就可以进行墒情分析。

神经网络模型就像一个黑箱系统,易于解决物理概念不明确的问题。由于土壤水分状况的影响因素较多,综合考虑每一个影响因素来解决问题,势必非常复杂。神经网络模型不需要坚实的物理概念,建立模型简便,但正因如此,该类模型不能反映出土壤水分与其影响因素之间的物理关系,这是该类模型的局限性所在。

（2）遥感监测法

遥感监测法是通过建立影响土壤含水量的各因素（如热惯量、归一化植被指数等）与土壤含水量之间的统计模型来对土壤墒情进行预报的方法。现有的遥感监测方法有热惯量法、微波法、热红外法、距平植被指数法、作物缺水指数法等。该方法能通过卫星遥感资料及时了解区域土壤水分变化，但该方法所获得的模型稳定性还有待进一步研究。

9.3.2　前期准备工作

1. 灌溉预报单元选取

区域性土壤墒情监测网的分区，也即分层（次）。应根据气候条件、土壤类型、地下水埋深类型、作物种植类型、灌溉制度等进行分区，使区内土壤墒情可视为趋向"均一性"，分区层次的多少视需要与可能而定。对于一个灌区，可以以轮灌组为基本单元，一般灌溉面积较大的灌区，干、支渠多采用续灌，只在斗渠以下实行轮灌，此时可以以斗渠为灌溉预报的基本单元。对于控制面积较小的斗渠单位，若斗渠范围内的土壤墒情可视为"均一性"，则斗渠作为最小分区，墒情监测以整个斗渠为对象。对于面积较大的斗渠，可以再进行分区研究。斗渠范围内的分区以农田为单位，根据土壤类型、地下水埋深类型、作物种植类型、灌溉制度等进行分区，分区后条件相同的农田归为一个最小分区，进行取样和监测。

在最小分区内实施土壤墒情的实地监测，在区域代表地块设定固定观测点，其他地块设定巡测点。

2. 灌溉预报模型优选

土壤水分预报的方法有许多种，这些方法有着各自的优缺点和适用性。确定性方法中土壤水动力学考虑了土壤、作物和大气连续系统中的水分传输进程，能较好地揭示其水分变化的物理关系，具有坚实的物理背景，且可以预报分层土壤水分动态，用于较小时空尺度上的土壤水分预报具有一定的精度保证。但是该方法需要取得许多难以测定的土壤和作物特征参数，应用该方法时应根据具体地区和作物条件确定当地适用的参数，其参数不能直接套用，且这些参数又存在着相当大的空间变异。由于土壤水分运移方程的强非线性，在田间实际应用时，很难用解析的方法获得它的解，为了较为客观地研究农田中的土壤水分运动问题，当前最有效的方法便是采用数值计算方法求解土壤水分运移方程，但其计算较为烦琐，时间步长较小，所需测定要素容量大，这些都限制了该方法的大田应用。作物吸水模型的确立也是该方法应用上的一个难点。

　　就目前而言,水量平衡法应用较广泛,方法原理相对简单,也能达到可以接受的模拟精度,是农田水分模拟的最有效方法之一,也是农田灌溉预报模型中应用最多的方法。利用土壤水分平衡可根据时间尺度确定其所需的参数,只要对土壤水分各收支项正确处理,就可以在时间步长较大情况下获得所需的模拟效果。该模型考虑了环境因素的影响,具有一定的通用性,但需要的观测数据和模型参数较多,且部分参数亦有其时空变化,土壤水分状态变量对方法中各分量的敏感性很强,因而,对这些分量的处理要求比较严格。

　　综合上述分析,要建立灌区的灌溉预报模型,选取水量平衡模型更加适应于灌区的灌水管理,把握作物生长期的需水信息,同时对降水和排水进行监控,即可达到灌溉预报的目的。

9.3.3　淮涟灌区灌溉预报模型

　　1. 模型参数计算

　　(1) 作物蒸发蒸腾量预测模型

　　以作物的生理信息冠层温度、叶面积指数和实时的气象要素大气温度为参数,构建了关于水稻实时蒸发蒸腾模型和改进模型,通过这两个模型可以实时预测作物需水量。

$$ET = aR_n + b(T_c - T_a) + c \qquad (9.3-7)$$

$$ET = (a \cdot LAI + b)[cR_n + d(T_c - T_a) + e] \qquad (9.3-8)$$

式中:R_n——太阳净辐射通量[MJ/(m² · d)];

　　T_c、T_a——冠层温度、大气温度(℃);

　　LAI——叶面积指数(m²/m²);

　　a、b、c、d、e——经验系数。

　　(2) 有效降水确定

　　有效降水量 P_e 是指某次降水能入渗作物根系层中,作物能有效利用的那部分降水量,即

$$P_e = P - R - D \qquad (9.3-9)$$

式中:P——某次降水的降水总量(mm);

R——地表径流量（mm）；

D——深层渗漏量（mm）。

有效降水量的大小不仅与降水特性，即降水强度 I、降水历时 t_r、降水总量 P 有关，还与土壤特性，即土壤质地、土壤初始含水量、土壤入渗速度 K_t 及地下水埋深、作物植被、根系层深度等因子有关，呈现出十分复杂的动态变化过程。

① 根据 Philip 入渗公式，土壤入渗速度 K_t 与入渗时间 t 的变化规律为幂函数曲线：

$$K_t = f(t) = \frac{1}{2}St_r^{-\frac{1}{2}} + A \qquad (9.3\text{-}10)$$

式中：S——土壤吸渗率，为常数；

t_r——降水历时（h）；

A——稳定入渗率。

入渗时间足够长时，A 趋近于饱和导水率。S、A 均可由现场入渗实验求出。

当土壤入渗速率 K_t 等于降水强度 I 时，即

$$\frac{1}{2}St_r^{-\frac{1}{2}} + A = I \qquad (9.3\text{-}11)$$

此时入渗时间为：

$$t = \frac{S^2}{4(I-A)^2} \qquad (9.3\text{-}12)$$

从而降水造成的地表径流量为：

$$R = \begin{cases} 0 & t_r \leqslant t \\ (I-A)t_r - St_r^{\frac{1}{2}} & t_r > t \end{cases} \qquad (9.3\text{-}13)$$

证明：

$$R = It_r - \int_0^t \left[\frac{1}{2}St_r^{-\frac{1}{2}} + A \right] \mathrm{d}t = It_r - St_r^{\frac{1}{2}} - At_r = (I-A)t_r - St_r^{\frac{1}{2}} \qquad (9.3\text{-}14)$$

整个降水期间 t_r 的入渗量为：

$$V = It_r R \qquad (9.3\text{-}15)$$

或

$$V = \begin{cases} It_r & t_r \leqslant t \\ At_r + St_r^{\frac{1}{2}} & t_r > t \end{cases} \qquad (9.3-16)$$

$$V = It_r - R = It_r - (I-A)t_r + St_r^{\frac{1}{2}} \qquad (9.3-17)$$

式中：V——降水土壤入渗量（mm）；

I——降水强度（mm/h）；

R——降水地表径流量（mm）；

t_r——降水历时（h）。

降水前，作物根系层中能够贮存的最大有效降水 P_e^* 为：

$$P_e^* = 10Hr(\theta_1 - \theta_0) + t(ET_c - G_e) \qquad (9.3-18)$$

式中：H——作物根系活动层深度（mm）；

r——土壤干容重（t/m³）；

θ_1、θ_0——土壤田间持水率与初始含水率，以占干土重的百分数计；

t——预报未来降水的间隔天数（d）；

ET_c——作物蒸发蒸腾量（mm/d）；

G_e——预报的地下水有效补给量（mm/d）。

若 $V > P_e^*$，则 $P_e = P_e^*$，深层渗漏量 $D = V - P_e^*$；若 $V \leqslant P_e^*$，则 $P_e = V$，$D = 0$。

② 若既无土壤特性资料，又无降水特性资料，只有降水总量资料，则可用当地有效降水系数 σ 来求有效降水量。

$$P_e = P\sigma \qquad (9.3-19)$$

式中：σ——某次降水的有效降水系数，其值与降水总量的大小有关，一般性取值见表 9.3-1；

P——某次降水的总降水量（mm）；

P_e——某次降水的有效降水量（mm）。

表 9.3-1　有效降水系数取值

降水总量大小	有效降水系数取值
$P \leqslant 5$ mm	σ 可取 0
5 mm $< P \leqslant 50$ mm	σ 可取 1
50 mm $< P \leqslant 100$ mm	σ 可取 0.8~1

降水总量大小	有效降水系数取值
100 mm＜P≤150 mm	σ可取 0.7～0.8
P＞150 mm	σ可取 0.7

（3）地下水补给量的确定

地下水有效补给量 G_e 是指地下水借土壤毛细管作用上升至作物根系吸水层而被作物利用的水量,其大小与作物蒸发蒸腾量 ET_c、土壤特性及地下水埋深 GWD 有关。一般多根据当地的实际资料建立回归经验公式：

$$G_e = Q \cdot ET_c \qquad (9.3\text{-}20)$$

$$Q = B - 0.15GWD \qquad (9.3\text{-}21)$$

式中：ET_c——作物蒸发蒸腾量（mm）；

B——地下水补给系数,与作物类型、土壤特性及地下水埋深有关；

GWD——地下水埋深（m）。

表 9.3-2 给出了不同土壤类型和作物种类所对应的地下水补给系数 B。

表 9.3-2　地下水补给系数 B 经验取值

作物	土壤		
	沙壤土	中壤土	黏壤土
冬小麦	0.4	0.5	0.6
夏玉米	0.3	0.4	0.5
棉花	0.3	0.4	0.5

在农田水分循环的过程中,地下水补给量是一个重要的环节,地下水补给也是作物利用地下水的一种方式。

（4）土壤有效储水量的确定

土壤有效储水量是作物根系活动层深度内土壤的储水量,作物吸收的水分主要来源于作物根系活动层深度内土壤的储水量,为了满足农作物的正常生长需要,任一时段内作物根系活动层内的土壤储水量必须经常保持在一定的适宜范围以内,通常要求不小于作物允许的最小储水量（$W_{\min}$）和不大于作物允许的最大储水量（$W_{\max}$）。土壤有效储水量 ASW 的计算见公式（9.3-22）。

$$ASW = 10Hr\left(\theta_0 - \theta_1 \frac{G_x}{100}\right) \qquad (9.3\text{-}22)$$

式中：H——作物根系活动层深度（m）；

r——土壤干容重（t/m³）；

θ_1、θ_0——土壤田间持水率与初始含水率，以占干土重的百分数计；

G_x——作物适宜灌溉的土壤水分下限指标，其值的确定与作物类型及作物生长阶段有关。

（5）稻田渗漏量的确定

由于水稻田经常保持一定的水层，所以水稻田经常产生渗漏。田间渗漏量的大小对水稻需水量的影响很大，在水分循环过程中，田间渗漏量的计算是不可缺少的。土壤表面水层深越大，渗漏量越大，但随着地下水埋深的增大，土壤表面水层深的大小对渗漏量的影响将越来越小，表面水层深对渗漏量的影响越不明显。

在丘陵地区的梯田，稻田的日平均渗漏量一般为 2～6 mm，冲田 0～1 mm，畈田 0.5～2.0 mm。平原地区多为轻黏土，地下水位偏高，日平均渗漏一般为 0.5～1.0 mm。由于当地不同的土壤性质和田间水层深度等因素，渗漏量的大小会产生差异。对于渗漏量的获取，可在田间埋设测筒，测筒直径为 60 cm，筒深 1.5 m。可通过每日观察无底测筒和有底测筒的水面消耗，记录二者差值，记为每日田间垂直渗漏量（测筒侧向是封闭的）。在农田水分流向过程中，忽略侧向渗漏，可直接将垂直渗漏作为田间渗漏量。

（6）排水量的确定

在农田用水管理决策中，适量的排水对农作物生长非常重要。当农田土壤水分含量超过上限，已经影响到农作物正常的生长发育，造成了渍害或涝害，这时需要排水以使土壤水分降至适宜作物生长的环境。在农田水分循环过程中，排水是支出量，不易监测。记录地下水位和排水沟水位变化，建立二者和排水量之间的关系，推断出排水量。在农田作物正常生长条件下，一般是不需要排水的，当降雨过大时，农田就需要排水。

2. 水稻灌溉预报

（1）稻田有水层

当稻田有水层时，逐日计算水量平衡方程中的各项，可得到时段末的水深，忽略地下水补给量，且渗漏只考虑垂直方向的渗漏。

为了满足农作物正常生长发育的需要，任一时段内作物根系吸水层内的储水量必须经常保持在一定的适宜范围以内，即通常要求土壤湿润层平均土壤含水率不小于作物允许的最低蓄水深度（h_{min}）和不大于作物允许的最大蓄水深度（h_{max}）。

当稻田有水层时,稻田渗漏量在田块中比较稳定,一般为常数。根据《水稻高产节水灌溉新技术》一书以及实测数据,当稻田有水层时,渗漏量变幅为 2.3～4.6 mm。

灌溉水量为:

$$M = h_{max} - h_{min} \qquad (9.3-23)$$

排水量为:

$$C = h_p - h_{max} \qquad (9.3-24)$$

式中:h_{max}——适宜水层深度上限(mm);

h_{min}——适宜水层深度下限(mm);

h_p——降水后最大蓄水深度(mm)。

当稻田有水层时,水稻实时灌溉预报的计算要点可归结为:

① 根据田面监测资料或上一时段末田面水深计算值确定时段初田面水层深度;

② 通过实时作物冠层温度和大气温度计算 ET,确定渗漏量和降水量,通过水量平衡模型预报时段末的田面水层深度;

③ 根据 h_p 与 h_{max}、h_{min} 的关系判断是否灌溉;

④ 获得实时灌区的资料(气象、水文等),采用实际的资料对上一时段的数据进行修正;

⑤ 输出结果。

(2)稻田无水层

当稻田无水层时,此时的水量平衡应以土壤含水率为预报对象,控制稻田所处的水分状态。

随着田面水层的消失,田间土壤变成非饱和的,但此时作物根系层内一般仍存在缓慢向下移动的重力水,即自由排水。土壤含水率越高,自由排水通量越大。根据李远华等的研究,可用下式模拟计算稻田无水层时的稻田渗漏量:

$$D = \frac{1\,000K_0}{1 + K_0 \dfrac{\alpha \Delta t}{H}} \qquad (9.3-25)$$

式中:D——第 t 天的渗漏量(mm);

H——水稻根系层深度(m);

α——经验系数,一般为 50～250,土壤越黏重,其值越大;

K_0——水力传导度(m/d),主要与土壤质地有关,一般为 $0.1\sim1.0$,
土壤越黏重,K_0 越小;

Δt——土壤含水率从饱和状态达到第 i 天水平所需要的天数,通常可
从稻田水层深度为零时起算天数。如遇小雨,土壤含水率提高,但又
未达到饱和含水率,此时应根据土壤含水率和土壤水分特性求出

灌水量为:

$$M = W_{\max} - W_{\min} \tag{9.3-26}$$

排水量为:

$$C = W_t - W_{\max} \tag{9.3-27}$$

式中:M——时段内的灌溉水量(mm);

$\qquad W_{\max}$——作物允许的最大储水量(mm);

$\qquad W_{\min}$——作物允许的最小储水量(mm);

$\qquad C$——时段内的排水量(mm);

$\qquad W_t$——时间 t 时土壤计划湿润层内的储水量(mm)。

当稻田无水层时,灌溉预报计算要点可归结为:

① 根据墒情实测资料或上一时段末土层水分储量确定时段初土壤含水量;

② 根据气象预报、冠层温度、地下水埋深确定实时 ET 和地下水有效补给
量 G_e,通过水量平衡方法确定时段末土壤含水量 θ 或水层深度 h;

③ 根据 W 或 $W_{\min}$、$W_{\max}$ 的关系判断是否灌溉;

④ 若获得了实际气象资料、地下水资料等,应采用实际的资料对上一时段
作物蒸发蒸腾量 ET 和地下水有效补给量 G_e 进行逐日修正,并及时修正 W 的计
算结果;

⑤ 输出结果。

水稻灌溉预报计算流程图见图 9.3-2,其中,$h_{\max}$、$h_{\min}$ 分别为适宜水层深度
上限和下限,h_p 为降水后最大蓄水深度,$W_{\max}$、$W_{\min}$ 分别为作物允许的最大、最小
储水量,$H(W)$ 为田面水层深度(土壤储水量),T_c、T_a 分别为冠层温度和大气温
度,ET 为作物蒸发蒸腾量,a、b、c、d 分别为确定 ET 的模型参数,D 为渗漏量,C
为排水量,M 为灌水量。

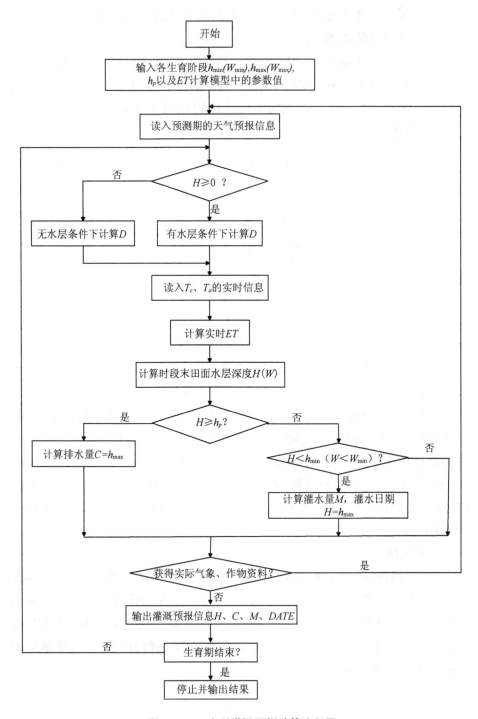

图 9.3-2　水稻灌溉预报计算流程图

9.3.4　淮涟灌区灌溉预报实证分析

1. 灌溉制度模拟

本次灌溉预报以水稻生育期8月20—8月29日、8月30—9月9日为例，根据修正模型确定每日作物需水量。根据水量平衡原理分别得到实际灌溉制度计算表以及由模型模拟得出的灌溉制度计算表，如表9.3-3所示。图9.3-3为灌溉制度设计图。

表 9.3-3　灌溉制度计算表

单位：mm

日期月	日期日	设计水深	模拟耗水	有效降雨量	模拟水层	灌水量	排水量	实际耗水	实际水层	灌水量	排水量
	19				45				45		
	20		4.5	7.0	47.5			3.89	48.11		
	21		8.23		39.27			8.61	39.50		
	22		6.78		32.49			7.11	32.39		
	23		6.46		66.03	40		6.97	65.43	40	
	24		7.26		58.77			7.75	57.67		
8	25	30～60～90	7.79		50.98			7.63	50.04		
	26		6.18		44.8			6.28	43.76		
	27		4.24	17.2	57.76			4.59	56.36		
	28		8.02		49.74			8.28	48.08		
	29		9.01		40.73			9.44	38.64		
	30		7.75		32.98			7.08	31.57		
	31		4.95	25.0	53.03			4.62	51.95		
	1		7.83		45.2			7.68	44.27		
	2		7.53		37.67			6.92	37.35		
	3		6.28		31.39			6.45	30.90		
	4		7.27		24.12			7.65	23.25		
9	5	10～30～80	8.04		16.08			8.37	14.88		
	6		6.1		39.98	30		5.73	39.15	30	
	7		5.83		34.15			5.62	33.53		
	8		7.07		27.08			7.04	26.49		
	9		7.44		19.64			7.78	18.71		

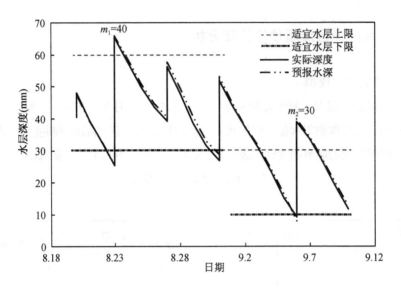

图 9.3-3　水稻灌溉制度设计图

2. 结果分析

对比分析实际耗水和模拟预报耗水量、实际水层变化和模拟预报水层变化以及实际灌水量和模拟预报灌水量之间的关系,发现实际耗水量与模拟预报耗水量之间虽然有一定的差距,且随着时间变化有着变大的趋势,但是总体来说对灌水量和灌溉时间的模拟预报有着比较好的一致性,模拟预报的灌水时间和实际的灌水时间均为 8 月 23 日、9 月 6 日,灌水量均为 40 mm、30 mm。

9.4　本章小结

(1) 采用淮阴区丁集农田水利试验站 6—10 月的气象数据,通过 4 种参考作物蒸发蒸腾量的简化模型计算了日 ET_0,并以 P-M 方法为标准,分析温度法和辐射法的适用性。结果表明:各种计算方法的 ET_0 变化趋势大致相同,表现为先减小,后增大,再减小的趋势;当仅有温度资料时,可使用 H-S 公式计算 ET_0;参考蒸发蒸腾量 ET_0 与太阳净辐射和水汽压差相关性较为显著,与湿度和温度的相关性较差。

(2) 通过分析冠层温度 (T_c) 的变化规律以及水稻日需水量 (ET) 和冠气温差 (T_c-T_a)、净太阳辐射量 (R_n)、饱和水汽压差 (VPD)、冠层温度 (T_c) 之间的相关关系,构建了 ET 关于 R_n 和 T_c-T_a 之间的线性模型,并通过 Logistic 方程建立叶面积指数(LAI)与栽插天数之间的作物生长模型,模型可用于淮涟灌区实时预报研究。

(3) 结合作物蒸发蒸腾量 ET 的实时估算模型,构建了整个灌区的实时灌溉预报模型和计算流程框图,并进行了实证分析,所得结果与实测值较为接近,预报模型可应用于生产实践。

10 不同水文年型灌区用水计划编制

10.1 不同水文年型代表年的选定

根据灌区市基准站与涟水站 1981—2017 年（37 年）长系列年降水量资料，采用水文统计法得到理论频率曲线（如图 10.1-1、图 10.1-2 所示），确定各站年降水量、6—9 月降水量统计参数，以及不同降水频率的年降水量、6—9 月降水量（表 10.1-1），据此选择不同水文年型的代表年，见表 10.1-2。

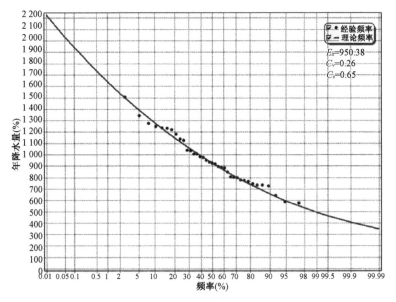

a 市基准站

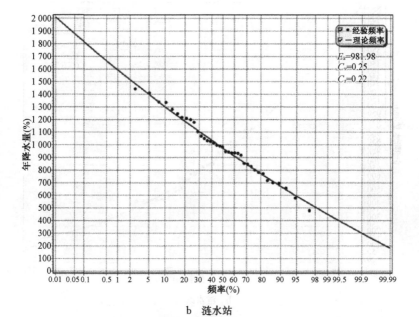

b 涟水站

图 10.1-1 年降水量频率曲线图

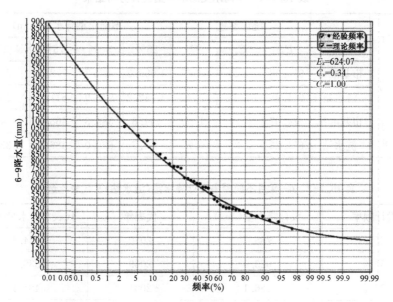

a 市基准站

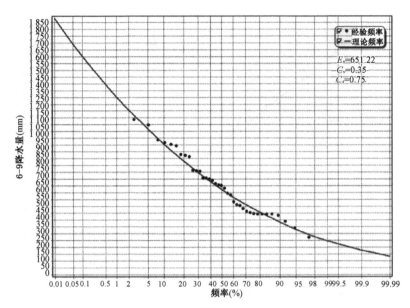

b 涟水站

图 10.1-2 6—9 月降水量频率曲线图

表 10.1-1 不同水文站降水量统计分析结果

降水量	水文站	统计参数			不同年型降水量(mm)			
		E_x	C_v	C_s	25%	50%	75%	95%
年降水量	市基准站	950.38	0.26	0.65	1 099.3	923.7	772.4	594.4
	涟水站	981.98	0.25	0.22	1 142.2	972.9	811.8	594.1
6—9月 降水量	市基准站	624.07	0.34	1.00	741.8	589.3	468.7	344.7
	涟水站	651.22	0.35	0.75	785.7	623.0	486.1	330.7

表 10.1-2 6—9 月不同频率设计降水量(涟水站)及代表年选择

设计频率	设计降水量(mm)	代表年	代表年降水量(mm)
25%	785.7	2010	754.4
50%	623.0	2009	630.4
75%	486.1	2001	481.1
85%	424.5	2013	431.3
95%	330.7	2004	271.7

　　需要补充说明的是,由于同一种作物的灌水定额、灌水时间、灌水次数主要

受作物生育期的降水量大小、降雨时间分布、每次降雨强度以及作物生长情况影响，同时本次水源精准调度研究以水稻灌溉用水量为主要依据，因此本次代表年选择时参照了 6—9 月降水量排频计算结果。另外，根据灌区与水文站的相对位置，选择涟水站作为灌区的代表站，市基准站作为参考。

10.2 水稻灌溉制度的确定

10.2.1 设计代表年法

淮涟灌区水源调度以水稻需水为主要依据。

灌区水稻品种以中稻为主，一般在 5 月中旬育秧，6 月中旬泡田栽插，9 月底 10 月初收割。泡田期是灌水定额最大的阶段，根据淮阴区和涟水县水利试验站《2019 年灌溉水利用系数测定报告》，结合灌区土壤性质及地下水埋深，水稻泡田定额取 100 m³/亩，泡田期 5 天。

水稻生育期灌溉采用浅湿调控灌溉技术。根据水稻不同生育期适宜水层上下限、最大蓄水深度、土壤墒情、设计代表年降水量、田间耗水量等，运用水量平衡原理，并结合当地灌水经验及轮灌延续时间，确定不同水文年型水稻灌溉制度。水稻生育期灌溉制度计算时的灌水量、排水量及水层深度确定方法如下：

$$m_t = \begin{cases} h_{\max} - (h_{t-1} + P_t - S_t - ET_t) & \text{当 } h_{\min} > h_{t-1} + P_t - S_t - ET_t \text{ 时} \\ 0 & \text{其他} \end{cases}$$

$$d_t = \begin{cases} h_{t-1} + P_t - S_t - ET_t - h_p & \text{当 } h_p < h_{t-1} + P_t - S_t - ET_t \text{ 时} \\ 0 & \text{其他} \end{cases}$$

$$h_t = h_{t-1} + P_t + m_t - S_t - ET_t - d_t$$

其中：h_{t-1} 表示第 t 时段初的土壤含水量或田面水层深度（mm）；P_t 表示第 t 时段降雨量（mm）；S_t 表示第 t 时段渗漏量（mm）；ET_t 表示第 t 时段作物需水量（mm）；m_t 表示第 t 时段灌水量（mm）；d_t 表示第 t 时段排水量（mm）；h_t 表示第 t 时段末的土壤含水量或田面水层深度（mm）；h_p 为最大允许蓄水深度（mm）。

淮涟灌区不同水文年型（25%、50%、75%、85%、95%）水稻灌溉制度见表 10.2-1～表 10.2-5。

表 10.2-1　水稻灌溉制度（25%）

灌水次数	灌水日期	灌水定额（mm）	灌水量（m³/亩）
1	6月11日—6月15日	150	100.0
2	6月18日—6月19日	30	20.0
3	6月26日—6月27日	30	20.0
4	7月4日—7月6日	40	26.7
5	7月15日—7月16日	20	13.3
6	7月22日—7月23日	30	20.0
7	8月1日—8月2日	30	20.0
8	8月10日—8月11日	30	20.0
9	8月19日—8月20日	30	20.0
10	8月31日—9月1日	20	13.3
11	9月10日—9月13日	50	33.3
合计		460	306.6

注：泡田期（6.11—6.15）、栽插返青期（6.16—6.25）、分蘖期（6.26—7.21）、拔节孕穗期（7.22—8.17）、抽穗开花期（8.18—8.31）、乳熟期（9.1—9.15）、黄熟期（9.16—9.24）。

表 10.2-2　水稻灌溉制度（50%）

灌水次数	灌水日期	灌水定额（mm）	灌水量（m³/亩）
1	6月11日—6月15日	150	100.0
2	6月17日—6月18日	30	20.0
3	6月24日—6月25日	30	20.0
4	7月3日—7月4日	30	20.0
5	7月13日—7月16日	45	30.0
6	7月21日—7月22日	35	23.3
7	7月30日—8月3日	60	40.0
8	8月11日—8月12日	30	20.0
9	8月19日—8月20日	40	26.7
10	8月25日—8月27日	45	30.0
11	9月2日—9月4日	45	30.0
12	9月13日—9月15日	40	26.7
合计		580	386.7

表 10.2-3 水稻灌溉制度(75%)

灌水次数	灌水日期	灌水定额(mm)	灌水量(m³/亩)
1	6月11日—6月15日	150	100.0
2	6月18日—6月19日	30	20.0
3	6月21日—6月23日	35	23.3
4	6月28日—7月2日	40	26.7
5	7月5日—7月6日	30	20.0
6	7月10日—7月11日	20	13.3
7	7月22日—7月24日	40	26.7
8	7月28日—7月30日	40	26.7
9	8月4日—8月6日	40	26.7
10	8月12日—8月15日	50	33.3
11	8月20日—8月22日	40	26.7
12	8月28日—8月30日	35	23.3
13	9月1日—9月4日	45	30.0
14	9月8日—9月12日	45	30.0
合计		640	426.7

表 10.2-4 水稻灌溉制度(85%)

灌水次数	灌水日期	灌水定额(mm)	灌水量(m³/亩)
1	6月11日—6月15日	150	100
2	6月17日—6月19日	40	26.7
3	6月22日—6月25日	40	26.7
4	7月1日—7月3日	45	30.0
5	7月5日—7月6日	25	16.7
6	7月21日—7月23日	35	23.3
7	7月30日—8月1日	40	26.7
8	8月3日—8月4日	20	13.3
9	8月6日—8月8日	40	26.7
10	8月10日—8月13日	40	26.7

（续表）

灌水次数	灌水日期	灌水定额(mm)	灌水量(m³/亩)
11	8月15日—8月17日	40	26.7
12	8月21日—8月23日	40	26.7
13	8月26日—8月27日	20	13.3
14	9月5日—9月9日	60	40.0
15	9月12日—9月14日	40	26.7
合计		675	450.2

表 10.2-5　水稻灌溉制度（95%）

灌水次数	灌水日期	灌水定额(mm)	灌水量(m³/亩)
1	6月11日—6月15日	150	100.0
2	6月17日—6月19日	40	26.7
3	6月21日—6月24日	50	33.3
4	6月28日—7月1日	45	30.0
5	7月3日—7月4日	30	20.0
6	7月7日—7月8日	30	20.0
7	7月13日—7月14日	30	20.0
8	7月20日—7月23日	60	40.0
9	7月27日—7月28日	20	13.3
10	7月31日—8月3日	55	36.7
11	8月7日—8月9日	45	30.0
12	8月11日—8月13日	45	30.0
13	8月17日—8月19日	40	26.7
14	8月25日—8月27日	40	26.7
15	8月31日—9月1日	30	20.0
16	9月5日—9月7日	50	33.3
17	9月13日—9月15日	50	33.3
合计		810	540

10.2.2　实时预报法

根据水稻需水模型及灌溉预报研究,通过实时采集淮涟灌区水稻各生育阶段生理指标(叶面积指数)、气象因子、太阳辐射、作物冠层温度和土壤墒情监测参数,建立水稻蒸发蒸腾模型;在此基础上,构建稻田实时灌溉预报模型,为制订灌区水源精准调度方案提供可靠的理论支持(详见第9章内容)。

10.3　灌区用水计划编制

10.3.1　用水计划编制意义

计划用水是灌区用水管理的中心环节。制订灌区用水计划,并利用计划来指导灌区水源运行调度,可以在保持灌溉面积的情况下节省水资源,提高粮食产量,进一步提高水资源的利用效率。

用水计划是指从灌区总干渠首水源引取的水量、向各级渠道输送和分配的水量、配水顺序和配水时间的计划。这里主要针对水稻整个生长期,根据淮涟灌区总干水源情况,分析并确定不同水平年、不同来水频率下总干沿线各干渠灌溉用水量、供水次序及用水过程。

通过用水计划的编制,达到合理调配水源水量,使灌区均衡用水,全面受益,不断提高灌溉水有效利用系数。并通过算水账使管理所做到心里有数,可以预先采取措施,统筹兼顾,协调供需矛盾,使水资源得到合理利用。也可以和农业生产计划紧密配合,有计划、有秩序、有组织地用水,降低灌溉成本。

根据灌区的实践经验,通常编制用水计划需注意以下几点:灌区用水计划宜分灌季、分时段编制实施;编制用水计划要上下结合,编审结合,充分讨论;水资源要统筹兼顾,统一调度,合理运用,相互调剂;编制的用水计划要简明扼要,切合实际,经过充分讨论协商,"需、供、配"要合理可行,使各用水单位的利益都得到保证。

10.3.2 用水计划编制

根据灌区雨量站长系列降雨量资料排频,确定不同水文频率(25%、50%、75%、85%和95%)所对应的典型年。然后,结合单季水稻生育阶段日平均耗水量、典型年日降雨量、各个生育阶段控制水层,通过水量平衡法,模拟计算各次净灌水定额与灌水时间,从而确定水稻不同水文年型的灌溉制度。

参考《淮涟灌区续建配套与现代化改造实施方案》,得到不同水平年(现状水平年2018年、近期水平年2025年和远期水平年2035年)总干沿线干渠水稻灌溉面积(表10.3-1),以及不同水平年灌区灌溉水利用系数(表10.3-2)。根据不同水平年灌区灌溉水利用系数、水稻灌溉面积,计算灌区不同水平年、不同水文年型情景下总干渠沿线各干渠(包括直挂斗渠)水稻田灌溉用水量,见表10.3-3~表10.3-17。

表 10.3-1　不同水平年总干沿线干渠水稻灌溉面积

渠名	类别	耕地面积(万亩)	不同水平年水稻灌溉面积(万亩)		
			2018年	2025年	2035年
总干渠	直挂斗	2.14	1.05	1.06	1.07
	一干渠	10.87	5.34	5.40	5.43
	二干渠	4.92	2.42	2.45	2.46
	三干渠	21.82	10.71	10.85	10.91
	东西四干渠	15.77	7.74	7.84	7.88
合计		55.52	27.26	27.60	27.75

表 10.3-2　不同水平年灌区灌溉水利用系数

水平年	2018年	2025年	2035年
灌溉水利用系数	0.551	0.603	0.620

表 10.3-3 2018 年总干沿线各干渠灌溉用水计划表（现状 25%年型）

阶段划分	灌水时间	灌水次数	灌水定额（m³/亩）	灌溉用水量（万 m³）	各干渠分配水量（万 m³）				
					一干渠	二干渠	三干渠	四干渠	直挂斗
泡田期	6 月中旬	1	100	4 946.8	968.5	438.4	1 944.1	1 405.1	190.7
栽插返青期	6 月中下旬	2	20/20	1 978.7	387.4	175.3	777.7	562.0	76.3
分蘖期	6 月下旬—7 月中下旬	2	26.7/13.3	1 978.7	387.4	175.3	777.7	562.0	76.3
拔节孕穗期	7 月下旬—8 月中下旬	3	20/20/20	2 968.1	581.1	263.0	1 166.5	843.1	114.4
抽穗开花期	8 月中下旬—9 月上旬	2	20/13.3	1 648.9	322.8	146.1	648.0	468.4	63.6
乳熟期	9 月上中旬	1	33.3	1 648.9	322.8	146.1	648.0	468.4	63.6
黄熟期	9 月中下旬	0	0	0	0	0	0	0	0
合计		11	306.6	15 170.1	2 970.0	1 344.2	5 962.0	4 308.9	584.9

表 10.3-4 2018 年总干沿线各干渠灌溉用水计划表（现状 50%年型）

阶段划分	灌水时间	灌水次数	灌水定额（m³/亩）	灌溉用水量（万 m³）	各干渠分配水量（万 m³）				
					一干渠	二干渠	三干渠	四干渠	直挂斗
泡田期	6 月中旬	1	100	4 946.8	968.5	438.4	1 944.1	1 405.1	190.7
栽插返青期	6 月中下旬	2	20/20	1 978.7	387.4	175.3	777.7	562.0	76.3
分蘖期	6 月下旬—7 月中下旬	2	20/30	2 473.4	484.3	219.2	972.1	702.5	95.3
拔节孕穗期	7 月下旬—8 月中下旬	3	23.3/40/20	4 122.3	807.1	365.3	1 620.1	1 170.9	158.9
抽穗开花期	8 月中下旬—9 月上旬	2	26.7/30	2 803.2	548.8	248.4	1 101.7	796.2	108.0
乳熟期	9 月上中旬	2	30/26.7	2 803.2	548.8	248.4	1 101.7	796.2	108.0
黄熟期	9 月中下旬	0	0	0	0	0	0	0	0
合计		12	386.7	19 127.6	3 744.9	1 695.0	7 517.4	5 432.9	737.2

表 10.3-5 2018 年总干沿线各干渠灌溉用水计划表（现状 75%年型）

阶段划分	灌水时间	灌水次数	灌水定额（m³/亩）	灌溉用水量（万 m³）	各干渠分配水量（万 m³）				
					一干渠	二干渠	三干渠	四干渠	直挂斗
泡田期	6 月中旬	1	100	4 946.8	968.5	438.4	1 944.1	1 405.1	190.7
栽插返青期	6 月中下旬	2	20/23.3	2 143.6	419.7	190.0	842.5	608.9	82.6
分蘖期	6 月下旬—7 月中下旬	3	26.7/20/13.3	2 968.1	581.1	263.0	1 166.5	843.1	114.4
拔节孕穗期	7 月下旬—8 月中下旬	4	26.7/26.7/26.7/33.3	5 606.3	1 097.6	496.8	2 203.4	1 592.4	216.1
抽穗开花期	8 月中下旬—9 月上旬	2	26.7/23.3	2 473.4	484.3	219.2	972.1	702.5	95.3
乳熟期	9 月上中旬	2	30/30	2 968.1	581.1	263.0	1 166.5	843.1	114.4
黄熟期	9 月中下旬	0	0	0	0	0	0	0	0
合计		14	426.7	2 1106.3	4 132.3	1 870.4	8 295.1	5 995.1	813.5

表 10.3-6 2018 年总干沿线各干渠灌溉用水计划表（现状 85%年型）

阶段划分	灌水时间	灌水次数	灌水定额（m³/亩）	灌溉用水量（万 m³）	各干渠分配水量（万 m³）				
					一干渠	二干渠	三干渠	四干渠	直挂斗
泡田期	6 月中旬	1	100	4 946.8	968.5	438.4	1 944.1	1 405.1	190.7
栽插返青期	6 月中下旬	2	26.7/26.7	2 639.6	516.8	233.9	1 037.4	749.8	101.7
分蘖期	6 月下旬—7 月中下旬	3	30/16.7/23.3	3464.5	678.3	307.0	1 361.6	984.1	133.5
拔节孕穗期	7 月下旬—8 月中下旬	5	26.7/13.3/26.7/26.7/26.7	5 939.1	1 162.8	526.3	2 334.1	1 686.9	228.9
抽穗开花期	8 月中下旬—9 月上旬	2	26.7/13.3	1 979.7	387.6	175.4	778.0	562.3	76.3
乳熟期	9 月上中旬	2	40/26.7	3 299.5	646.0	292.4	1 296.7	937.2	127.2
黄熟期	9 月中下旬	0	0	0	0	0	0	0	0
合计		15	450.2	2 2269.2	4 360.0	1 973.4	8 751.9	6 325.4	858.3

表 10.3-7　2018 年总干沿线各干渠灌溉用水计划表（现状 95％年型）

阶段划分	灌水时间	灌水次数	灌水定额（m³/亩）	灌溉用水量（万 m³）	各干渠分配水量（万 m³）				
					一干渠	二干渠	三干渠	四干渠	直挂斗
泡田期	6月中旬	1	100	4 946.8	968.5	438.4	1 944.1	1 405.1	190.7
栽插返青期	6月中下旬	2	26.7/33.3	2 968.1	581.1	263.0	1 166.5	843.1	114.4
分蘖期	6月下旬—7月中下旬	4	30/20/20/20	4 452.1	871.7	394.5	1 749.7	1264.6	171.6
拔节孕穗期	7月下旬—8月中下旬	5	40/13.3/36.7/30/30	7 420.1	1 452.8	657.5	2 916.2	2 107.6	286.0
抽穗开花期	8月中下旬—9月上旬	3	26.7/26.7/20	3 627.6	710.2	321.5	1 425.7	1 030.4	139.8
乳熟期	9月上中旬	2	33.3/33.3	3 297.8	645.7	292.2	1 296.1	936.7	127.1
黄熟期	9月中下旬	0	0	0	0	0	0	0	0
合计		17	540.0	26 712.5	5 223.0	2 367.1	10 498.3	7 587.5	1 029.6

表 10.3-8　2025 年总干沿线各干渠灌溉用水计划表（25％年型）

阶段划分	灌水时间	灌水次数	灌水定额（m³/亩）	灌溉用水量（万 m³）	各干渠分配水量（万 m³）				
					一干渠	二干渠	三干渠	四干渠	直挂斗
泡田期	6月中旬	1	100	4 577.7	896.3	405.7	1 799.1	1 300.3	176.4
栽插返青期	6月中下旬	2	20/20	1 831.1	358.5	162.3	719.6	520.1	70.6
分蘖期	6月下旬—7月中下旬	2	26.7/13.3	1 831.1	358.5	162.3	719.6	520.1	70.6
拔节孕穗期	7月下旬—8月中下旬	3	20/20/20	2 746.6	537.8	243.4	1 079.5	780.2	105.9
抽穗开花期	8月中下旬—9月上旬	2	20/13.3	1 525.9	298.8	135.2	599.7	433.4	58.8
乳熟期	9月上中旬	1	33.3	1 525.9	298.8	135.2	599.7	433.4	58.8
黄熟期	9月中下旬	0	0	0	0	0	0	0	0
合计		11	306.6	14 038.3	2 748.7	1 244.1	5 517.2	3 987.5	541.1

表 10.3-9　2025 年总干沿线各干渠灌溉用水计划表（50%年型）

阶段划分	灌水时间	灌水次数	灌水定额（m³/亩）	灌溉用水量（万 m³）	各干渠分配水量（万 m³）				
					一干渠	二干渠	三干渠	四干渠	直挂斗
泡田期	6 月中旬	1	100	4 577.7	896.3	405.7	1 799.1	1 300.3	176.4
栽插返青期	6 月中下旬	2	20/20	1 831.1	358.5	162.3	719.6	520.1	70.6
分蘖期	6 月下旬—7 月中下旬	2	20/30	2 288.9	448.1	202.8	899.6	650.1	88.2
拔节孕穗期	7 月下旬—8 月中下旬	3	23.3/40/20	3 814.8	746.9	338.1	1 499.3	1 083.6	147.0
抽穗开花期	8 月中下旬—9 月上旬	2	26.7/30	2 594.1	507.9	229.9	1 019.5	736.8	100.0
乳熟期	9 月上中旬	2	30/26.7	2 594.1	507.9	229.9	1 019.5	736.8	100.0
黄熟期	9 月中下旬	0	0	0	0	0	0	0	0
合计		12	386.7	17 700.7	3 465.6	1 568.7	6 956.6	5 027.7	682.2

表 10.3-10　2025 年总干沿线各干渠灌溉用水计划表（75%年型）

阶段划分	灌水时间	灌水次数	灌水定额（m³/亩）	灌溉用水量（万 m³）	各干渠分配水量（万 m³）				
					一干渠	二干渠	三干渠	四干渠	直挂斗
泡田期	6 月中旬	1	100	4 577.7	896.3	405.7	1 799.1	1 300.3	176.4
栽插返青期	6 月中下旬	2	20/23.3	1 983.7	388.4	175.8	779.6	563.5	76.5
分蘖期	6 月下旬—7 月中下旬	3	26.7/20/13.3	2 746.6	537.8	243.4	1 079.5	780.2	105.9
拔节孕穗期	7 月下旬—8 月中下旬	4	26.7/26.7/26.7/33.3	5 188.1	1 015.8	459.8	2 039.0	1 473.6	200.0
抽穗开花期	8 月中下旬—9 月上旬	2	26.7/23.3	2 288.9	448.1	202.8	899.6	650.1	88.2
乳熟期	9 月上中旬	2	30/30	2 746.6	537.8	243.4	1 079.5	780.2	105.9
黄熟期	9 月中下旬	0	0	0	0	0	0	0	0
合计		14	426.7	19 531.6	3 824.2	1 730.9	7 676.3	5 547.9	752.9

表 10.3-11 2025 年总干沿线各干渠灌溉用水计划表（85%年型）

阶段划分	灌水时间	灌水次数	灌水定额（m³/亩）	灌溉用水量（万 m³）	各干渠分配水量（万 m³）				
					一干渠	二干渠	三干渠	四干渠	直挂斗
泡田期	6 月中旬	1	100	4 577.7	896.3	405.7	1 799.1	1 300.3	176.4
栽插返青期	6 月中下旬	2	26.7/26.7	2 442.7	478.2	216.5	960.0	693.8	94.2
分蘖期	6 月下旬—7 月中下旬	3	30/16.7/23.3	3 206.0	627.7	284.1	1 260.0	910.6	123.6
拔节孕穗期	7 月下旬—8 月中下旬	5	26.7/13.3/26.7/26.7/26.7	5 496.0	1 076.0	487.0	2 160.0	1 561.1	211.8
抽穗开花期	8 月中下旬—9 月上旬	4	26.7/13.3	1 832.0	358.7	162.3	720.0	520.4	70.6
乳熟期	9 月上中旬	2	40/26.7	3 053.4	597.8	270.6	1 200.0	867.3	117.7
黄熟期	9 月中下旬	0	0	0	0	0	0	0	0
合计		15	450.2	20 607.8	4 034.7	1 826.2	8 099.1	5 853.5	794.3

表 10.3-12 2025 年总干沿线各干渠灌溉用水计划表（95%年型）

阶段划分	灌水时间	灌水次数	灌水定额（m³/亩）	灌溉用水量（万 m³）	各干渠分配水量（万 m³）				
					一干渠	二干渠	三干渠	四干渠	直挂斗
泡田期	6 月中旬	1	100	4 577.7	896.3	405.7	1 799.1	1 300.3	176.4
栽插返青期	6 月中下旬	2	26.7/33.3	2 746.6	537.8	243.4	1 079.5	780.2	105.9
分蘖期	6 月下旬—7 月中下旬	4	30/20/20/20	4 120.0	806.6	365.1	1 619.2	1 170.2	158.8
拔节孕穗期	7 月下旬—8 月中下旬	5	40/13.3/36.7/30/30	6 866.6	1 344.4	608.5	2 698.7	1 950.4	264.7
抽穗开花期	8 月中下旬—9 月上旬	3	26.7/26.7/20	3 357.0	657.3	297.5	1 319.3	953.5	129.4
乳熟期	9 月上中旬	2	33.3/33.3	30 51.8	597.5	270.4	1 199.4	866.8	117.6
黄熟期	9 月中下旬	0	0	0	0	0	0	0	0
合计		17	540.0	24 719.7	4 839.9	2 190.6	9 715.2	7 021.4	952.8

表 10.3-13　2035 年总干沿线各干渠灌溉用水计划表(25%年型)

阶段划分	灌水时间	灌水次数	灌水定额(m³/亩)	灌溉用水量(万 m³)	各干渠分配水量(万 m³)				
					一干渠	二干渠	三干渠	四干渠	直挂斗
泡田期	6 月中旬	1	100	4 475.7	876.3	396.6	1 759.0	1 271.3	172.5
栽插返青期	6 月中下旬	2	20/20	1 790.3	350.5	158.7	703.6	508.5	69.0
分蘖期	6 月下旬—7 月中下旬	2	26.7/13.3	1 790.3	350.5	158.7	703.6	508.5	69.0
拔节孕穗期	7 月下旬—8 月中下旬	3	20/20/20	2 685.4	525.8	238.0	1 055.4	762.8	103.5
抽穗开花期	8 月中下旬—9 月上旬	2	20/13.3	1 491.9	292.1	132.2	586.3	423.8	57.5
乳熟期	9 月上中旬	1	33.3	1 491.9	292.1	132.2	586.3	423.8	57.5
黄熟期	9 月中下旬	0	0	0	0	0	0	0	0
合计		11	306.6	13 725.5	2 687.3	1 216.4	5 394.2	3 898.7	529.0

表 10.3-14　2035 年总干沿线各干渠灌溉用水计划表(50%年型)

阶段划分	灌水时间	灌水次数	灌水定额(m³/亩)	灌溉用水量(万 m³)	各干渠分配水量(万 m³)				
					一干渠	二干渠	三干渠	四干渠	直挂斗
泡田期	6 月中旬	1	100	4 475.7	876.3	396.6	1 759.0	1 271.3	172.5
栽插返青期	6 月中下旬	2	20/20	1 790.3	350.5	158.7	703.6	508.5	69.0
分蘖期	6 月下旬—7 月中下旬	2	20/30	2 237.9	438.1	198.3	879.5	635.6	86.3
拔节孕穗期	7 月下旬—8 月中下旬	3	23.3/40/20	3 729.8	730.2	330.5	1 465.8	1 059.4	143.8
抽穗开花期	8 月中下旬—9 月上旬	2	26.7/30	2 536.3	496.6	224.8	996.8	720.4	97.8
乳熟期	9 月上中旬	2	30/26.7	2 536.3	496.6	224.8	996.8	720.4	97.8
黄熟期	9 月中下旬	0	0	0	0	0	0	0	0
合计		12	386.7	17 306.3	3 388.3	1 533.7	6 801.5	4 915.6	667.2

表 10.3-15 2035 年总干沿线各干渠灌溉用水计划表(75%年型)

阶段划分	灌水时间	灌水次数	灌水定额(m³/亩)	灌溉用水量(万 m³)	各干渠分配水量(万 m³)				
					一干渠	二干渠	三干渠	四干渠	直挂斗
泡田期	6 月中旬	1	100	4 475.7	876.3	396.6	1 759.0	1 271.3	172.5
栽插返青期	6 月中下旬	2	20/23.3	1 939.5	379.7	171.9	762.2	550.9	74.8
分蘖期	6 月下旬—7 月中下旬	3	26.7/20/13.3	2 685.4	525.8	238.0	1 055.4	762.8	103.5
拔节孕穗	7 月下旬—8 月中下旬	4	26.7/26.7/26.7/33.3	5 072.5	993.1	449.5	1 993.6	1 440.8	195.5
抽穗开花期	8 月中下旬—9 月上旬	2	26.7/23.3	2 237.9	438.1	198.3	879.5	635.6	86.3
乳熟期	9 月上中旬	2	30/30	2 685.4	525.8	238.0	1 055.4	762.8	103.5
黄熟期	9 月中下旬	0	0	0	0	0	0	0	0
合计		14	426.7	19 096.4	3 738.8	1 692.3	7 505.1	5 424.2	736.1

表 10.3-16 2035 年总干沿线各干渠灌溉用水计划表(85%年型)

阶段划分	灌水时间	灌水次数	灌水定额(m³/亩)	灌溉用水量(万 m³)	各干渠分配水量(万 m³)				
					一干渠	二干渠	三干渠	四干渠	直挂斗
泡田期	6 月中旬	1	100	4 475.7	876.3	396.6	1 759.0	1 271.3	172.5
栽插返青期	6 月中下旬	2	26.7/26.7	2 388.3	467.6	211.6	938.6	678.4	92.1
分蘖期	6 月下旬—7 月中下旬	3	30/16.7/23.3	3 134.6	613.7	277.8	1 231.9	890.4	120.8
拔节孕穗	7 月下旬—8 月中下旬	5	26.7/13.3/26.7/26.7/26.7	5 373.6	1 052.1	476.2	2 111.9	1 526.3	207.1
抽穗开花期	8 月中下旬—9 月上旬	2	26.7/13.3	1 791.2	350.7	158.7	704.0	508.8	69.0
乳熟期	9 月上中旬	2	40/26.7	2 985.3	584.5	264.5	1 173.3	848.0	115.1
黄熟期	9 月中下旬	0	0	0	0	0	0	0	0
合计		15	450.2	20 148.7	3 944.9	1 785.4	7 918.7	5 723.2	776.6

表 10.3-17 2035 年总干沿线各干渠灌溉用水计划表（95%年型）

阶段划分	灌水时间	灌水次数	灌水定额（m³/亩）	灌溉用水量（万 m³）	各干渠分配水量（万 m³）				
					一干渠	二干渠	三干渠	四干渠	直挂斗
泡田期	6 月中旬	1	100	4 475.7	876.3	396.6	1 759.0	1 271.3	172.5
栽插返青期	6 月中下旬	2	26.7/33.3	2 685.4	525.9	238.0	1 055.4	762.8	103.5
分蘖期	6 月下旬—7 月中下旬	4	30/20/20/20	4 028.2	788.7	357.0	1 583.1	1 144.2	155.3
拔节孕穗期	7 月下旬—8 月中下旬	5	40/13.3/36.7/30/30	6 713.6	1 314.4	594.9	2 638.5	1 906.9	258.8
抽穗开花期	8 月中下旬—9 月上旬	3	26.7/26.7/20	3 282.2	642.6	290.9	1 289.9	932.3	126.5
乳熟期	9 月上中旬	2	33.3/33.3	2 983.8	584.2	264.4	1 172.7	847.5	115.0
黄熟期	9 月中下旬	0	0	0	0	0	0	0	0
合计		17	540.0	24 168.9	4 732	2 141.8	9 498.6	6 865.0	931.6

10.3.3 渠系配水计划

渠系配水计划，是从水源引水向总干沿线各干渠或各用水单位供水的重要依据。编制渠系配水计划事关供需双方关系，互相联系，互相制约。编制时既要照顾各用水单位的利益，还要充分利用灌溉水资源，发挥水源工程的最大效益。

1. 资料调查研究和分析

在编制渠系配水计划前，应调查研究和收集各级渠系用水相关资料，包括总干沿线各干渠控制片区的渠系基本资料、气象资料、渠系水利用系数、输水距离与流程时间；各片区主要农作物灌溉情况和非农用水情况及用水方式；用水单位的灌季、时段配水计划；各种作物灌溉制度及田间水利用系数等。

2. 灌区可供水量分析

在编制渠系配水计划前，必须对灌区灌溉水源供水情况进行分析，预估灌溉用水期间水源流量、水位的变化趋势。灌区灌溉水源来自洪泽湖，渠首淮涟闸由省属单位管理，灌溉流量实行定量供应，在引水期采用水文经验频率分析法，合理分析可供水的总流量，以及季、月、旬的灌溉流量分配过程。

3. 灌区需水量估算

灌区需水量是灌区需要从水源引入的水量,根据不同水平年、不同水文年型、作物种植布局及其灌溉制度、灌溉水利用系数确定。

4. 灌区配水计划编制

灌区配水计划就是将水量由上而下地逐级分配给各级渠道或用水单位,包括应分配的流量和水量、用水次序和用水时间。

灌区配水采用续灌和轮灌两种方式。续灌是在水源比较丰富和供需基本平衡的情况下,渠首向灌区的干支渠连续供水的方式。续灌时,水流分散,同时输水渠道长,优点是用水单位可在同一时间段内同时取用水,较均衡,但渠首引水流量降低到正常流量的30%～40%时,此法就不宜采用,而要采用干支渠轮灌的方式。

轮灌是在引水流量减少或不够用时按照一定顺序轮流灌溉,即把水量集中供给某一条或一组渠道,灌完之后,再供给另一条或另一组渠道;也可以采用先供给下游后供给上游的方式。此法水流量集中,同时输水渠道短,水量损失小。

在轮灌配水的条件下,编制配水计划的主要内容是划分轮灌组并确定各组的轮灌顺序、每一轮灌周期的时间和分配给每组的轮灌时间。轮灌顺序的确定,要根据有利于及时满足灌区内各种作物用水要求,有利于节约用水等条件来安排。

结合灌区历年灌水经验与当年水文年型,确定灌区配水顺序。同时遵循"控上、稳中、保下"的原则,先灌远处,后灌近处,使灌溉秩序有序推进,尽量保证全灌区均衡供水;先灌溉高地势的田地,后灌溉低地势的田地;先灌溉经济作物,后灌溉一般作物;先灌溉集中连片田地,后灌溉分散零星田地。

淮涟灌区总干沿线各条干渠配水顺序见表10.3-18。

表 10.3-18　总干沿线各条干渠配水顺序

时 间	第一天	第二天	第三天	第四天	第五天	第六天	…
三干闸	7时开	7时关	关	7时开	7时关	关	…
一干闸	8时关	10时开	开	8时关	10时开	开	…
二干闸	8时关	10时开	开	8时关	10时开	开	…
四干闸	7时关	7时开	开	7时关	7时开	开	…
古寨退水闸	关	关	关	关	关	关	…
杰勋河地涵	开	开	开	开	开	开	…

10.3.4 用水计划的执行

执行用水计划是计划用水工作的中心任务,只有正确地执行用水计划,才能达到计划用水的预期目的。

1. 做好用水前的准备工作

做好用水前的准备工作,即做好管理人员技术和业务培训工作,成立以灌区用水户参与为主体的灌水体系,健全灌区用水管理组织,建立各项用水制度,通过组织体系和制度建设保障灌溉任务的完成;同时,做好渠道整修工作,做好渠道运行前的检查、量测水和配水准备工作,提高渠系水利用系数。

2. 计划执行时水量调配

灌区水量调配时应该按照"水权集中、统筹兼顾、分级管理和均衡受益"原则,渠系用水计划由管理所配水站负责执行,并负责各条干渠、支渠水量的调配,在引水和配水中要做到"稳、准、均、灵"。在渠系配水时要做到以下几点。

(1) 在水源充足情况下,按用水计划的比例分配给总干沿线各干渠,不得任意更改;在水源不足情况下,应规定出轮灌时间,并应进行水量平衡。

(2) 配水站、管理站、支渠在灌季应经常核对水量,实行"流量包段、水量包干",做到日清月结。在水量调配时,应有利于渠道有效利用系数的提高,应减少渠道水流往返与重复。

(3) 斗渠用水一般应按用水单位所占比例配水到农渠和各村组。斗内交换用水,流量增大或减少,斗渠负责人应及时通知用水单位,以提高水量对口率,斗内面积过大,可分为两轮以上用水。斗内水量实行"节约归己、浪费不补"的办法,以求多灌面积,降低灌水定额。

(4) 灌溉用水的资料应及时进行总结,对渠系、田间和灌溉水利用系数进行施测,以便不断总结经验,及时指导灌溉,提高灌溉效益和管理水平。

3. 水稻灌溉管理

根据水稻的不同生育阶段与生理需水特点进行配水。在宏观上分为 3 个阶段,对每阶段采取不同的供水时长,以取得最佳灌溉效果,保证灌溉质量;在微观上按作物生育期设计灌溉水层的上下限幅度,控制灌水量。

(1) 栽插返青期:该阶段区域性用水高度集中,但田间行水速度快。灌区采取按栽插计划以及小秧活棵用水需要,每组灌 60 h 停 36 h。

(2) 分蘖期:每组采取灌 60 h 停 60 h(或灌 60 h 停 84 h)。7 月底前后开始搁田,作物根系要深扎,需水量大大减少,此后除治虫期外,田面需要建立水层,其他均采取间歇控灌法。

(3)拔节至黄熟期:水层变幅一般控制在30~140 mm 范围内,这期间水稻棵间行水速度最慢,须用高水位、长历时灌溉。

4. 用水计划动态调整

根据水文气象变化、田间水分状况以及作物长势,按照"看天、看地、看庄稼"的灌溉原则,根据后续几天的降雨预报和田间水分状况来调整用水计划,调整办法如下。

(1)其他水文频率的灌溉计划可根据上述结果内插或外延得到。每年根据实际水文年型,结合各干渠水稻灌溉面积和其他有用水需求的作物面积调整灌溉用水计划。灌溉期间,每月根据南水北调工程分配的流量与水量,在灌区内实行总量控制和定额管理。

(2)若后续3天之内预报有中雨或大雨、暴雨,虽然田间水分状况到达控制下限,但灌水计划应推后;若后续3天之内预报有小雨,田间水分状况到达控制下限,如期灌水,但灌水定额可根据田间土壤、作物长势等实际情况减少0~20%。

(3)如遇干旱热风天气,田间水层不满足抗热要求时,灌水计划应提前1~2天。

(4)在特殊干旱年份,各级水利主管部门和灌区管理所要齐心协力、相互配合、挖掘潜力、开源节流,把干旱造成的损失降到最低。

5. 灌区用水资料整理

编制与执行用水计划,积累的经验和资料越多,编制的引、配水计划就会越切合实际,越科学、合理、可操作性强。因此,要做好逐年的配水实际资料、作物组成资料等灌区水管资料的统计归档工作,确保水量调度及时、准确,水量调度记录完整。

10.4　本章小结

(1)根据灌区1981—2017 年长系列 6—9 月降水量资料,采用水文统计法得到理论频率曲线,据此选择不同水文年型的代表年,并采用设计代表年法和水量平衡原理,推算了在不同水文年型(25%、50%、75%、85%和95%)灌区水稻的灌溉制度。

（2）根据不同水平年（现状 2018 年、近期 2025 年和远期 2035 年）灌区灌溉水利用系数和总干沿线各干渠水稻灌溉面积，在由 3 种水平年、5 种水文年型组合生成的 15 种情景下，分别给出了总干渠沿线各干渠（包括直挂斗渠）水稻不同生长阶段灌溉用水计划表。

（3）给出了灌区渠系配水计划与用水计划执行方案，为灌区总干水源调度与用水管理提供了参考与依据。

11　不同水文年型总干（水源）沿线水位变化过程分析

11.1　淮涟闸下游水位

11.1.1　数据处理

对于缺测数据，采用滑动平均法进行插值，选择缺测数据的前 5 日及后 5 日的已测数据进行算术平均。不同年份淮涟闸下游水位逐日变化过程见图 11.1-1。

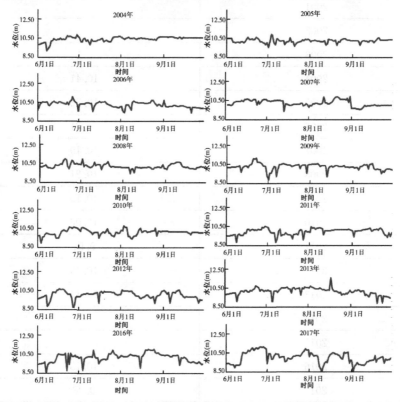

图 11.1-1　淮涟闸下游水位逐日变化过程

11.1.2 水位分析

方法思路:①求出该闸每一年全部水位的当年算术平均值(认为可以间接反映当年水量状况),进而得到逐年的水位平均值序列。②对以上序列进行排频,并拟合频率曲线,从而得出 25%、50%、75% 和 95% 的设计值。③以 25% 为例,根据 25% 得出的值,从前述多年水位平均值序列表中寻找一个典型年,再采用水文比拟法对该年的水位过程同倍比缩放,得到 25% 丰水年的设计水位过程。④其他 50%、75% 和 95% 参考③进行。

1. 计算水位平均值序列

根据图 11.1-1 计算当年水位的算术平均值,得到逐年的水位平均值序列。

表 11.1-1　淮涟闸下游逐年水位平均值序列

年份(年)	年水位平均值(m)
2001	
2002	
2003	
2004	10.41
2005	10.22
2006	10.21
2007	10.19
2008	10.21
2009	10.19
2010	10.06
2011	9.94
2012	10.09
2013	10.14
2014	
2015	
2016	10.13
2017	9.98

2. 水位频率分析

对表 11.1-1 进行排序和经验频率计算,利用水文频率分布曲线适线软件,绘制水位频率分布曲线(图 11.1-2),得到 25%、50%、75% 和 95% 的水位设计值(表 11.1-2),采用水文比拟法得到 25%、50%、75% 和 95% 的水位变化过程,见表 11.1-3 和图 11.1-3。

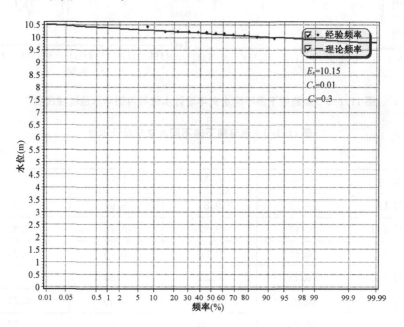

图 11.1-2 淮涟闸下游年均水位频率曲线

表 11.1-2 淮涟闸下游设计水位及对应典型年

年型	25%(丰水年)	50%(平水年)	75%(枯水年)	95%(特枯水年)
设计水位(m)	10.22	10.15	10.08	9.98
典型年水位(m)	10.22(2005)	10.14(2013)	10.09(2012)	9.98(2017)

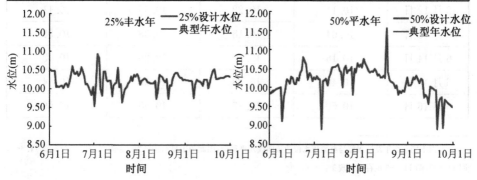

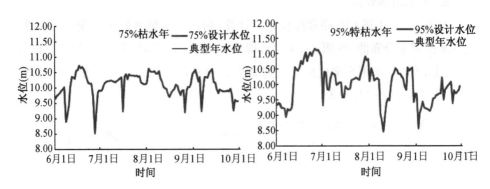

图 11.1-3　淮涟闸下游不同水文年设计水位与典型年水位过程曲线①

表 11.1-3　淮涟闸下游不同水文年设计水位

单位:m

日期	25％	50％	75％	95％
6月1日	10.50	9.84	9.67	9.33
6月2日	10.47	9.87	9.73	9.39
6月3日	10.48	9.90	9.78	9.36
6月4日	10.48	9.92	9.83	9.24
6月5日	10.04	9.95	9.90	9.24
6月6日	10.06	9.98	9.96	9.22
6月7日	10.04	9.99	10.03	8.94
6月8日	10.07	10.00	8.89	9.20
6月9日	10.08	9.11	9.09	9.16
6月10日	10.02	9.75	9.44	9.18
6月11日	10.12	9.92	10.02	9.26
6月12日	10.14	10.22	10.36	10.11
6月13日	10.04	10.18	10.33	10.55
6月14日	10.16	10.10	10.29	10.48
6月15日	10.40	10.28	10.56	10.44
6月16日	10.60	10.25	10.58	10.56

①因不同水文年设计水位与典型年水位两条曲线几乎重合,因此图中显示几乎为一条曲线,图 11.2-3,图 11.3-3,图 11.4-3,图 11.5-3 也存在此现象。

日期	25％	50％	75％	95％
6月17日	10.41	10.10	10.71	10.76
6月18日	10.40	10.09	10.63	10.65
6月19日	10.45	10.25	10.67	10.85
6月20日	10.34	10.19	10.60	11.04
6月21日	10.41	10.38	10.47	10.75
6月22日	10.57	10.46	10.28	10.93
6月23日	10.49	10.80	10.15	11.04
6月24日	10.33	10.68	10.13	10.92
6月25日	10.12	10.60	10.13	11.06
6月26日	10.13	10.21	9.72	11.15
6月27日	10.04	10.38	8.51	11.09
6月28日	9.94	10.33	9.14	11.12
6月29日	9.83	10.17	9.84	11.02
6月30日	10.04	10.26	9.92	10.91
7月1日	9.53	10.22	9.91	9.32
7月2日	10.20	10.30	9.92	10.40
7月3日	10.92	10.22	10.07	10.38
7月4日	10.82	10.22	10.16	9.84
7月5日	10.00	8.90	10.19	9.81
7月6日	9.81	10.16	10.22	10.18
7月7日	10.45	10.20	10.22	10.38
7月8日	10.46	10.23	10.23	10.33
7月9日	10.23	10.06	10.22	10.32
7月10日	10.19	10.26	10.20	9.98
7月11日	10.22	10.38	10.18	10.02
7月12日	10.21	10.52	10.22	10.06
7月13日	9.80	10.54	10.26	10.05
7月14日	10.08	10.54	10.30	9.57

日期	25%	50%	75%	95%
7月15日	10.14	10.58	10.35	9.58
7月16日	10.16	10.61	9.23	9.93
7月17日	10.56	10.44	10.36	9.85
7月18日	10.05	10.41	10.43	9.83
7月19日	10.13	10.01	10.28	9.86
7月20日	9.64	10.47	10.43	10.13
7月21日	9.89	10.58	10.40	10.15
7月22日	10.00	10.38	10.39	10.18
7月23日	10.05	10.45	10.40	10.21
7月24日	10.14	10.46	10.38	10.18
7月25日	10.19	10.54	10.39	10.13
7月26日	10.32	9.81	10.36	10.32
7月27日	10.21	10.50	10.37	10.51
7月28日	10.37	10.40	10.17	10.67
7月29日	10.32	10.64	10.13	10.90
7月30日	10.39	10.55	10.11	10.77
7月31日	10.32	10.60	10.12	10.82
8月1日	10.12	10.52	10.15	10.09
8月2日	10.22	10.75	10.61	10.51
8月3日	10.25	10.62	10.53	10.33
8月4日	10.27	10.56	10.51	10.12
8月5日	10.25	10.45	10.52	10.17
8月6日	10.18	10.40	10.53	10.19
8月7日	10.17	10.43	10.45	10.13
8月8日	10.15	10.41	10.45	9.06
8月9日	10.15	10.50	10.53	8.77
8月10日	10.15	10.44	10.31	8.47
8月11日	10.21	10.31	10.20	9.01

日期	25%	50%	75%	95%
8月12日	9.73	10.35	10.04	9.39
8月13日	9.91	10.26	9.97	9.53
8月14日	10.37	10.27	9.96	9.47
8月15日	10.34	10.31	9.76	10.04
8月16日	10.31	10.25	9.70	10.28
8月17日	10.22	11.57	9.85	10.38
8月18日	10.17	10.41	9.89	10.51
8月19日	10.27	10.20	9.97	10.45
8月20日	9.74	10.16	10.10	10.35
8月21日	10.10	10.13	10.06	10.34
8月22日	10.08	10.10	9.89	10.26
8月23日	10.27	9.99	9.76	10.17
8月24日	10.39	10.05	9.89	9.95
8月25日	10.42	9.81	9.92	9.81
8月26日	10.42	9.91	9.19	10.53
8月27日	10.34	9.86	9.90	10.44
8月28日	10.29	9.92	10.02	10.49
8月29日	10.30	9.89	10.01	10.53
8月30日	10.23	10.05	10.12	9.42
8月31日	10.25	10.26	10.43	9.69
9月1日	10.23	10.06	10.49	9.68
9月2日	10.22	10.05	10.57	8.57
9月3日	10.22	10.10	10.41	9.06
9月4日	10.21	10.27	10.20	9.23
9月5日	10.20	10.22	10.34	9.43
9月6日	9.75	10.31	9.23	9.24
9月7日	10.11	10.24	9.79	9.22
9月8日	10.25	10.12	10.34	9.20

日期	25%	50%	75%	95%
9月9日	10.21	10.23	10.33	9.16
9月10日	10.19	10.20	10.32	9.14
9月11日	10.17	9.74	10.47	9.30
9月12日	10.08	9.82	10.54	9.54
9月13日	10.25	9.75	10.60	9.55
9月14日	10.25	9.56	10.18	9.64
9月15日	10.25	10.02	10.16	9.65
9月16日	10.02	10.00	9.95	9.69
9月17日	10.19	9.97	9.82	9.70
9月18日	10.35	9.94	9.94	10.21
9月19日	10.49	9.92	9.90	9.49
9月20日	10.52	8.91	9.88	9.81
9月21日	10.26	9.62	9.87	9.89
9月22日	10.27	9.71	9.88	9.96
9月23日	10.28	9.75	9.90	10.02
9月24日	10.29	8.93	9.87	10.07
9月25日	10.29	9.68	9.95	9.38
9月26日	10.30	9.64	9.77	9.79
9月27日	10.32	9.61	9.25	9.70
9月28日	10.34	9.57	9.59	9.75
9月29日	10.33	9.53	9.56	9.79
9月30日	10.32	9.49	9.55	9.93

11.2　一干闸上游水位

11.2.1　数据处理

　　一干闸位于总干南部起始段（K0＋676），当水位低于 9 m 时无意义，即标尺下数据＜9 m。根据标尺下数据前后的实测数据，判别水位变化趋势，手动插值。对于缺测数据，采用滑动平均法进行插值，选择缺测数据的前 5 日及后 5 日的已测数据进行算术平均。不同年份一干闸上游水位逐日变化过程见图 11.2-1。

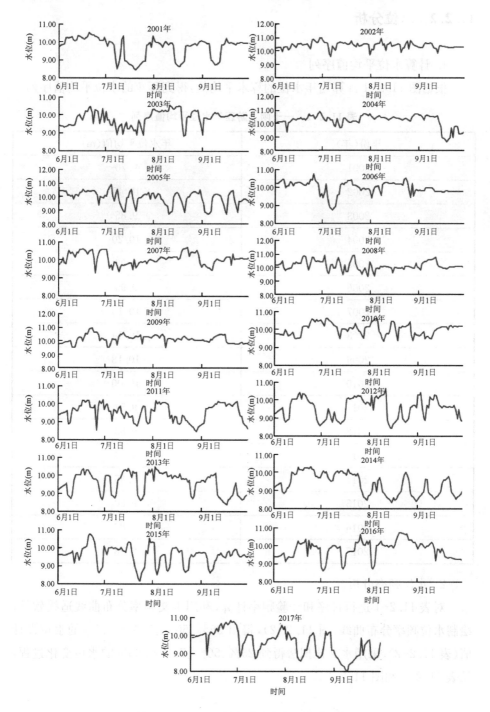

图 11.2-1　一干闸上游水位逐日变化过程

11.2.2 水位分析

1. 计算水位平均值序列

根据图 11.2-1 计算当年水位的算术平均值,得到逐年的水位平均值序列。

表 11.2-1 一干闸上游逐年水位平均值序列

年份(年)	年水位平均值(m)
2001	9.70
2002	10.43
2003	9.85
2004	10.20
2005	9.92
2006	9.99
2007	10.10
2008	10.14
2009	10.18
2010	10.00
2011	9.51
2012	9.53
2013	9.59
2014	9.35
2015	9.60
2016	9.82
2017	9.58

2. 水位频率分析

对表 11.2-1 进行排序和经验频率计算,利用水文频率分布曲线适线软件,绘制水位频率分布曲线(图 11.2-2),得出 25%、50%、75% 和 95% 的水位设计值(表 11.2-2),采用水文比拟法得到 25%、50%、75% 和 95% 的水位变化过程,见表 11.2-3 和图 11.2-3。

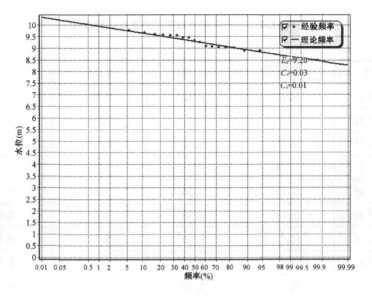

图 11.2-2　一干闸上游年均水位频率曲线

表 11.2-2　一干闸上游设计水位及对应典型年

年型	25%（丰水年）	50%（平水年）	75%（枯水年）	95%（特枯水年）
设计水位(m)	10.04	9.84	9.64	9.38
典型年水位(m)	10.00(2010)	9.85(2003)	9.60(2015)	9.35(2014)

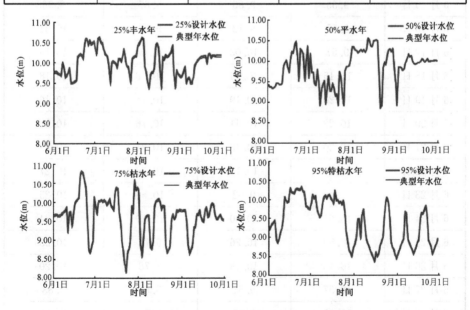

图 11.2-3　一干闸上游不同水文年设计水位与典型年水位过程曲线

表 11.2-3　一干闸上游不同水文年设计水位

单位:m

日期	25%	50%	75%	95%
6月1日	9.77	9.42	9.67	9.21
6月2日	9.78	9.37	9.68	9.29
6月3日	9.76	9.37	9.68	9.35
6月4日	9.74	9.33	9.65	9.41
6月5日	9.72	9.34	9.66	9.46
6月6日	9.70	9.39	9.68	8.97
6月7日	10.02	9.46	9.72	8.86
6月8日	9.91	9.46	9.75	8.96
6月9日	9.66	9.43	9.79	9.13
6月10日	9.70	9.43	9.87	9.25
6月11日	9.76	9.45	9.21	9.47
6月12日	9.88	9.87	9.74	10.06
6月13日	9.52	9.96	9.76	9.98
6月14日	9.51	10.02	9.37	9.93
6月15日	9.53	9.86	9.67	9.96
6月16日	9.55	9.72	9.97	10.31
6月17日	9.57	10.03	10.04	10.19
6月18日	10.15	10.24	10.08	10.18
6月19日	10.20	10.19	10.14	10.16
6月20日	10.22	10.41	10.76	10.27
6月21日	10.20	10.48	10.81	10.29
6月22日	10.11	10.11	10.76	10.27
6月23日	10.40	9.52	10.59	10.25
6月24日	10.61	10.30	10.39	10.34
6月25日	10.59	10.26	9.74	10.23
6月26日	10.45	10.18	8.78	10.20
6月27日	10.57	9.51	8.68	9.83
6月28日	10.47	9.97	8.83	9.81

日期	25%	50%	75%	95%
6月29日	10.50	10.37	8.99	9.76
6月30日	10.54	9.59	10.14	9.75
7月1日	10.37	10.18	9.89	9.92
7月2日	10.22	9.72	9.69	10.13
7月3日	10.60	9.72	10.04	10.03
7月4日	10.63	9.45	10.04	10.09
7月5日	10.52	9.40	10.07	9.73
7月6日	10.49	9.79	10.02	9.63
7月7日	10.36	9.48	10.06	9.53
7月8日	10.23	8.91	10.02	9.59
7月9日	10.20	9.32	9.94	9.91
7月10日	10.15	9.43	9.99	10.06
7月11日	9.84	9.51	10.09	10.11
7月12日	9.49	8.94	9.92	10.03
7月13日	10.03	9.35	9.87	10.11
7月14日	10.05	9.62	9.80	10.13
7月15日	10.04	9.26	10.29	10.03
7月16日	10.00	9.26	10.39	9.98
7月17日	9.90	9.45	10.36	9.88
7月18日	10.12	9.35	9.74	10.23
7月19日	10.12	9.14	9.47	9.98
7月20日	10.05	9.19	8.98	9.99
7月21日	10.18	8.91	8.68	9.91
7月22日	10.35	9.73	8.39	9.94
7月23日	10.09	9.60	8.18	9.86
7月24日	9.93	9.23	8.68	9.98
7月25日	9.92	8.91	8.79	9.68
7月26日	9.71	9.76	8.98	9.17

日期	25%	50%	75%	95%
7月27日	9.52	9.86	9.90	8.90
7月28日	10.12	9.87	9.74	8.67
7月29日	10.16	9.89	10.59	8.61
7月30日	10.19	10.05	10.34	8.50
7月31日	10.19	10.34	10.39	8.72
8月1日	10.44	10.35	10.34	8.81
8月2日	10.49	10.26	8.91	8.98
8月3日	10.57	10.25	8.57	9.48
8月4日	10.64	10.19	8.98	9.49
8月5日	10.61	10.24	9.54	8.97
8月6日	9.92	10.28	9.64	9.58
8月7日	9.76	10.23	9.67	9.73
8月8日	9.54	10.28	9.67	9.37
8月9日	9.38	10.21	8.85	8.97
8月10日	9.71	10.27	8.78	8.86
8月11日	9.79	10.56	8.97	8.77
8月12日	9.78	10.51	9.88	8.65
8月13日	9.89	10.36	10.04	8.57
8月14日	10.46	10.35	10.06	8.49
8月15日	10.49	10.49	10.09	8.37
8月16日	10.40	10.50	10.02	8.62
8月17日	9.86	10.52	9.82	8.50
8月18日	9.39	10.49	9.92	8.58
8月19日	10.15	9.60	9.90	8.79
8月20日	10.10	8.84	8.87	8.88
8月21日	10.21	8.92	8.69	8.99
8月22日	10.17	9.84	8.76	9.44
8月23日	10.19	9.97	8.85	9.91

日期	25％	50％	75％	95％
8月24日	10.24	9.90	9.49	10.05
8月25日	10.29	10.15	9.69	9.93
8月26日	10.45	10.27	9.58	9.61
8月27日	9.73	10.29	9.60	8.88
8月28日	9.40	10.22	9.79	8.75
8月29日	9.83	10.30	9.77	8.68
8月30日	9.75	9.86	9.81	8.55
8月31日	9.71	9.46	9.79	8.45
9月1日	9.67	8.92	9.78	8.58
9月2日	9.70	9.85	9.80	8.67
9月3日	9.79	9.84	9.79	8.78
9月4日	9.92	9.83	9.49	8.89
9月5日	9.51	9.77	8.89	8.96
9月6日	9.62	9.80	8.65	9.68
9月7日	9.65	9.94	8.76	9.65
9月8日	9.52	10.04	8.87	8.94
9月9日	9.51	10.17	9.35	8.85
9月10日	9.67	10.10	9.37	8.77
9月11日	9.94	10.12	9.69	8.68
9月12日	10.02	10.00	9.68	8.57
9月13日	10.08	9.93	9.79	8.66
9月14日	10.12	9.92	9.62	8.75
9月15日	10.15	9.93	9.53	8.88
9月16日	10.16	9.96	9.50	8.94
9月17日	10.18	9.96	9.81	9.49
9月18日	10.18	9.99	9.87	9.64
9月19日	10.18	10.05	9.62	9.62
9月20日	10.00	10.02	9.66	9.72

（续表）

日期	25%	50%	75%	95%
9月21日	10.22	9.97	9.89	9.82
9月22日	10.24	10.00	9.98	9.64
9月23日	10.15	10.06	9.94	8.94
9月24日	10.21	9.99	9.70	8.86
9月25日	10.20	9.99	9.57	8.75
9月26日	10.19	10.00	9.57	8.56
9月27日	10.20	10.00	9.64	8.66
9月28日	10.19	10.01	9.68	8.75
9月29日	10.19	10.01	9.57	8.84
9月30日	10.19	10.00	9.55	8.96

11.3 二干闸上游水位

11.3.1 数据处理

二干闸位于总干南部（K3＋382），当水位低于 9 m 时无意义，即标尺下数据＜9 m。根据标尺下数据前后的实测数据，判别水位变化趋势，手动插值。对于缺测数据，采用滑动平均法进行插值，选择缺测数据的前 5 日及后 5 日的已测数据进行算术平均。不同年份二干闸上游水位逐日变化过程见图 11.3-1。

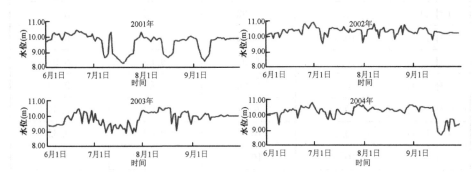

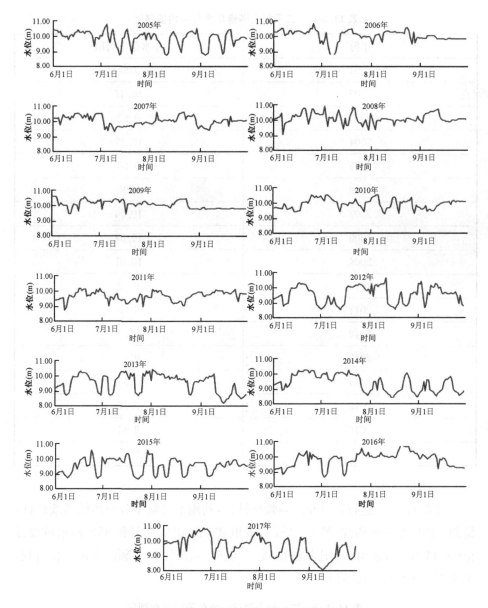

图 11.3-1　二干闸上游水位逐日变化过程

11.3.2　水位分析

1. 计算水位平均值序列

根据图 11.3-1 计算当年水位的算术平均值,得到逐年的水位平均值序列。

表 11.3-1   二干闸上游逐年水位平均值序列

年份	年水位平均值
2001	9.64
2002	10.37
2003	9.82
2004	10.12
2005	9.86
2006	9.99
2007	10.04
2008	10.07
2009	10.07
2010	9.92
2011	9.65
2012	9.51
2013	9.55
2014	9.35
2015	9.52
2016	9.81
2017	9.55

2. 水位频率分析

对表 11.3-1 进行排序和经验频率计算,利用水文频率分布曲线适线软件,绘制水位频率分布曲线(图 11.3-2),得出 25%、50%、75% 和 95% 的水位设计值(表 11.3-2),采用水文比拟法得到 25%、50%、75% 和 95% 的水位变化过程,见表 11.3-3 和图 11.3-3。

表 11.3-2   二干闸上游设计水位及对应典型年

年型	25%(丰水年)	50%(平水年)	75%(枯水年)	95%(特枯水年)
设计水位	10.00	9.80	9.61	9.34
典型年水位	9.99(2006)	9.81(2016)	9.64(2001)	9.35(2014)

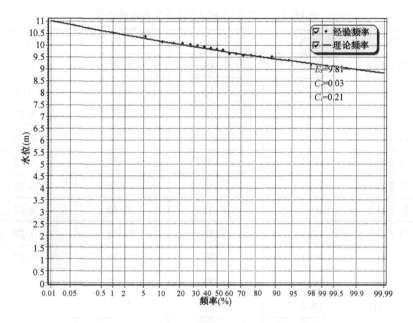

图 11.3-2　二干闸上游年均水位频率曲线

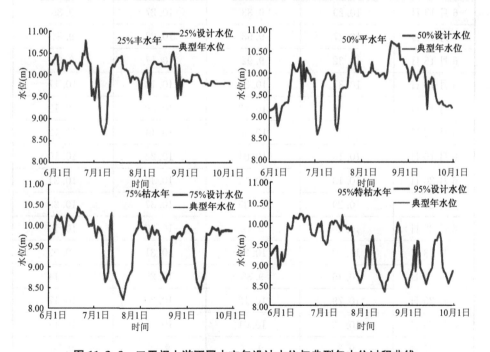

图 11.3-3　二干闸上游不同水文年设计水位与典型年水位过程曲线

表 11.3-3　二干闸上游不同水文年设计水位

日期	25％	50％	75％	95％
6月1日	10.26	9.16	9.68	9.22
6月2日	10.24	9.18	9.73	9.29
6月3日	10.33	9.19	9.79	9.34
6月4日	10.37	9.23	9.80	9.39
6月5日	10.47	9.30	10.16	9.43
6月6日	10.47	8.82	10.24	8.88
6月7日	10.02	8.91	10.15	8.92
6月8日	10.10	9.11	10.11	9.29
6月9日	10.12	9.26	10.20	9.07
6月10日	10.34	9.29	10.02	9.17
6月11日	10.33	9.33	9.77	9.40
6月12日	10.11	9.35	10.03	9.99
6月13日	10.29	9.33	10.27	9.89
6月14日	10.27	9.63	10.23	9.84
6月15日	10.32	9.92	10.17	9.87
6月16日	10.31	10.24	10.13	10.17
6月17日	10.28	10.13	10.09	10.12
6月18日	10.21	10.05	10.14	10.12
6月19日	10.16	10.04	10.22	10.10
6月20日	10.13	10.15	10.43	10.21
6月21日	10.29	10.35	10.37	10.22
6月22日	10.20	9.42	10.30	10.19
6月23日	10.50	10.26	10.31	10.02
6月24日	10.46	9.82	10.25	10.14
6月25日	10.79	10.12	10.20	10.17
6月26日	10.42	10.01	10.15	10.14
6月27日	10.33	9.97	9.98	9.78
6月28日	10.26	9.83	10.01	9.71

日期	25％	50％	75％	95％
6月29日	9.52	9.87	10.00	9.70
6月30日	9.68	9.87	10.18	9.68
7月1日	9.43	8.87	9.86	9.86
7月2日	9.76	8.62	9.70	9.98
7月3日	10.21	8.74	9.95	9.91
7月4日	9.39	8.86	9.91	10.03
7月5日	8.87	9.66	9.86	9.58
7月6日	8.73	9.81	9.73	9.56
7月7日	8.65	9.88	8.86	9.47
7月8日	8.79	9.99	8.62	9.53
7月9日	8.92	10.01	8.71	9.85
7月10日	9.57	9.99	8.90	10.00
7月11日	9.64	9.85	10.07	10.04
7月12日	10.15	9.87	10.29	9.97
7月13日	10.24	9.97	8.92	10.05
7月14日	10.19	8.85	8.81	10.04
7月15日	10.28	8.71	8.69	9.97
7月16日	10.32	8.91	8.60	9.91
7月17日	10.40	9.55	8.51	9.82
7月18日	10.40	9.65	8.39	10.19
7月19日	10.44	9.67	8.28	9.92
7月20日	10.16	9.68	8.20	9.93
7月21日	10.13	9.67	8.42	9.86
7月22日	10.12	9.69	8.60	9.89
7月23日	10.09	10.17	8.69	9.81
7月24日	10.00	10.13	8.79	9.92
7月25日	9.84	10.26	8.86	9.64
7月26日	9.96	10.54	8.92	9.13

日期	25%	50%	75%	95%
7 月 27 日	9.97	10.20	9.75	8.84
7 月 28 日	9.90	10.05	9.82	8.73
7 月 29 日	9.95	10.03	9.91	8.66
7 月 30 日	9.93	10.26	9.95	8.54
7 月 31 日	9.86	10.01	10.28	8.67
8 月 1 日	9.45	10.03	9.98	8.88
8 月 2 日	9.88	9.93	9.92	8.92
8 月 3 日	10.03	9.93	9.94	9.43
8 月 4 日	10.08	9.94	9.92	9.44
8 月 5 日	10.12	10.02	9.82	8.88
8 月 6 日	9.87	10.01	9.68	9.53
8 月 7 日	9.57	10.25	9.81	9.69
8 月 8 日	10.17	10.06	9.98	9.33
8 月 9 日	10.27	10.03	9.85	8.92
8 月 10 日	10.31	9.99	9.78	8.83
8 月 11 日	10.31	10.00	9.88	8.77
8 月 12 日	10.26	9.92	9.87	8.63
8 月 13 日	10.25	9.96	9.75	8.55
8 月 14 日	10.26	9.98	8.88	8.42
8 月 15 日	10.27	10.00	8.81	8.33
8 月 16 日	10.20	9.88	8.72	8.56
8 月 17 日	10.20	9.97	8.62	8.62
8 月 18 日	10.20	10.29	8.75	8.77
8 月 19 日	10.20	10.57	8.82	8.82
8 月 20 日	10.21	10.72	8.94	8.88
8 月 21 日	10.13	10.69	9.71	8.93
8 月 22 日	10.47	10.67	9.73	9.39
8 月 23 日	10.54	10.64	9.71	9.85

日期	25%	50%	75%	95%
8月24日	10.33	10.62	9.70	10.01
8月25日	9.91	10.67	9.79	9.89
8月26日	9.47	10.31	9.82	9.57
8月27日	10.24	10.32	9.83	8.84
8月28日	9.55	10.32	9.75	8.75
8月29日	9.85	10.19	9.83	8.65
8月30日	9.90	10.19	9.97	8.51
8月31日	9.86	10.08	10.00	8.44
9月1日	9.87	9.82	9.99	8.64
9月2日	9.86	9.91	9.93	8.77
9月3日	9.84	10.14	9.89	8.88
9月4日	9.86	10.04	9.83	9.45
9月5日	10.01	9.95	9.27	8.83
9月6日	10.00	9.84	8.91	9.56
9月7日	10.00	9.94	8.62	9.54
9月8日	10.01	9.99	8.53	8.91
9月9日	10.00	10.09	8.39	8.83
9月10日	9.90	10.17	8.61	8.75
9月11日	9.82	10.13	8.72	8.62
9月12日	9.82	9.84	8.86	8.51
9月13日	9.82	9.19	9.79	8.67
9月14日	9.80	9.82	9.78	8.78
9月15日	9.80	9.77	9.78	8.85
9月16日	9.76	9.91	9.85	8.92
9月17日	9.76	9.87	9.95	9.44
9月18日	9.86	9.66	9.93	9.59
9月19日	9.86	9.44	9.90	9.57
9月20日	9.82	9.35	9.89	9.68

日期	25%	50%	75%	95%
9月21日	9.81	9.31	9.93	9.77
9月22日	9.81	9.35	9.77	9.59
9月23日	9.81	9.37	9.86	8.93
9月24日	9.81	9.29	9.86	8.82
9月25日	9.81	9.27	9.87	8.77
9月26日	9.81	9.25	9.88	8.68
9月27日	9.82	9.25	9.88	8.53
9月28日	9.82	9.27	9.88	8.62
9月29日	9.82	9.27	9.87	8.73
9月30日	9.81	9.22	9.87	8.83

11.4　四干闸上游水位

11.4.1　数据处理

四干闸位于总干中部（K14+210），当水位低于 9 m 时无意义，即标尺下数据＜9 m。根据标尺下数据前后的实测数据，判别水位变化趋势，手动插值。对于缺测数据，采用滑动平均法进行插值，选择缺测数据的前 5 日及后 5 日的已测数据进行算术平均。四干闸上游水位逐日变化过程见图 11.4-1。

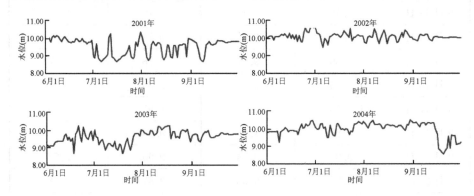

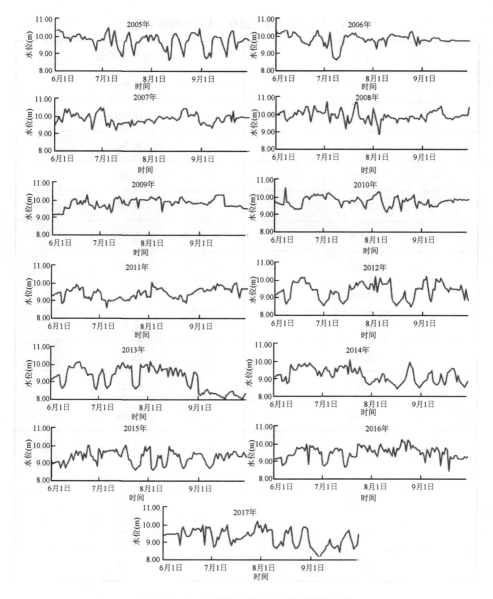

图 11.4-1 四干闸上游水位逐日变化过程

11.4.2 水位分析

根据图 11.4-1 计算当年水位的算术平均值,得到逐年的水位平均值序列。

表 11.4-1　四干闸上游逐年水位平均值序列

年份	年水位平均值
2001	9.52
2002	10.09
2003	9.60
2004	9.96
2005	9.77
2006	9.84
2007	9.85
2008	9.93
2009	9.79
2010	9.73
2011	9.45
2012	9.36
2013	9.19
2014	9.20
2015	9.34
2016	9.48
2017	9.27

11.4.3　水位频率分析

对表 11.4-1 进行排序和经验频率计算,利用水文频率分布曲线适线软件,绘制水位频率分布曲线(图 11.4-2),得出 25%、50%、75% 和 95% 的水位设计值(表 11.4-2),采用水文比拟法得到 25%、50%、75% 和 95% 的水位变化过程,见表 11.4-3 和图 11.4-3。

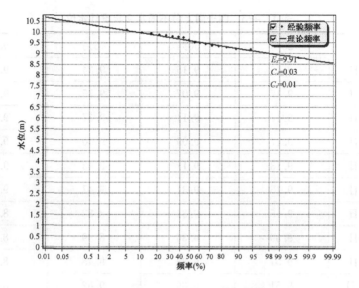

图 11.4-2　四干闸上游年均水位频率曲线

表 11.4-2　四干闸上游设计水位及对应典型年

年型	25%（丰水年）	50%（平水年）	75%（枯水年）	95%（特枯水年）
设计水位	9.80	9.61	9.42	9.14
典型年水位	9.79(2009)	9.60(2003)	9.45(2011)	9.19(2013)

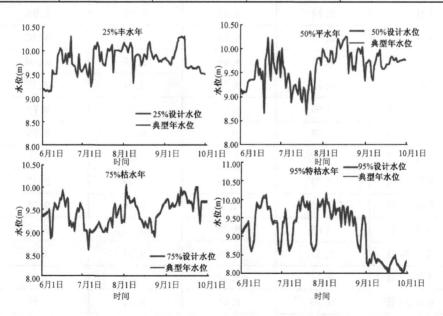

图 11.4-3　四干闸上游不同水文年设计水位与典型年水位过程曲线

表 11.4-3　四干闸上游不同水文年设计水位

日期	25%	50%	75%	95%
6月1日	9.19	9.15	9.34	9.07
6月2日	9.17	9.07	9.35	9.15
6月3日	9.14	9.11	9.37	9.20
6月4日	9.17	9.09	9.40	9.25
6月5日	9.13	9.11	9.43	9.30
6月6日	9.15	9.31	9.47	9.36
6月7日	9.15	9.34	8.83	8.77
6月8日	9.59	9.36	8.89	8.58
6月9日	9.51	9.36	9.45	8.70
6月10日	9.51	9.36	9.62	8.87
6月11日	9.51	9.37	9.56	9.55
6月12日	9.90	9.71	9.49	9.87
6月13日	9.97	9.77	9.55	9.78
6月14日	10.06	9.45	9.72	9.76
6月15日	10.00	9.59	9.71	9.77
6月16日	9.74	9.37	9.91	9.96
6月17日	9.77	9.53	9.78	10.05
6月18日	9.94	8.66	9.55	10.04
6月19日	9.72	9.76	9.71	10.07
6月20日	9.95	9.93	9.74	9.72
6月21日	9.86	10.23	9.12	9.75
6月22日	10.30	9.61	9.21	9.75
6月23日	9.73	9.34	9.09	9.47
6月24日	9.69	10.19	9.18	9.32
6月25日	9.68	9.73	9.00	9.38
6月26日	9.54	9.58	9.34	9.37
6月27日	9.44	9.48	9.50	9.36
6月28日	9.93	9.81	9.44	8.68

日期	25％	50％	75％	95％
6 月 29 日	9.61	9.94	9.62	8.51
6 月 30 日	9.55	9.41	9.53	8.78
7 月 1 日	9.59	10.01	9.47	9.34
7 月 2 日	9.66	9.65	9.01	9.37
7 月 3 日	9.71	9.56	9.01	9.69
7 月 4 日	9.52	9.18	8.99	9.35
7 月 5 日	9.44	9.38	8.59	8.79
7 月 6 日	9.74	9.48	9.03	8.59
7 月 7 日	9.24	9.26	8.97	8.70
7 月 8 日	9.39	8.88	8.98	8.78
7 月 9 日	10.02	9.11	9.00	9.32
7 月 10 日	10.10	9.23	9.04	9.40
7 月 11 日	10.04	9.25	9.08	9.40
7 月 12 日	10.19	9.12	9.14	9.78
7 月 13 日	10.08	9.05	9.20	9.89
7 月 14 日	9.78	9.38	9.11	9.68
7 月 15 日	9.97	8.96	9.05	9.99
7 月 16 日	9.74	8.88	8.98	10.04
7 月 17 日	9.70	9.19	8.98	9.81
7 月 18 日	9.69	9.14	9.06	9.77
7 月 19 日	9.90	8.64	8.99	9.91
7 月 20 日	10.04	9.01	9.19	9.71
7 月 21 日	10.00	9.27	9.26	9.89
7 月 22 日	10.03	9.53	9.29	8.79
7 月 23 日	10.13	9.19	9.09	8.66
7 月 24 日	9.54	8.85	9.52	8.58
7 月 25 日	10.01	9.25	9.61	8.68
7 月 26 日	10.01	9.63	9.31	8.78

日期	25%	50%	75%	95%
7月27日	10.01	9.79	9.40	9.97
7月28日	10.01	9.81	9.51	9.79
7月29日	10.00	9.82	9.57	9.82
7月30日	9.99	9.66	9.18	9.93
7月31日	10.05	10.00	9.24	9.97
8月1日	10.17	9.96	9.21	9.52
8月2日	10.11	9.83	10.03	10.12
8月3日	10.08	9.82	9.75	9.87
8月4日	9.97	9.73	9.78	9.87
8月5日	10.09	9.74	9.64	9.63
8月6日	10.17	9.96	9.66	9.45
8月7日	10.06	9.94	9.69	9.57
8月8日	9.32	9.71	9.74	9.95
8月9日	9.87	9.74	9.56	9.57
8月10日	9.91	9.85	9.54	9.69
8月11日	9.93	10.21	9.45	9.70
8月12日	9.91	10.16	9.28	9.73
8月13日	9.90	10.01	9.26	9.25
8月14日	9.69	10.07	9.21	9.79
8月15日	9.77	10.18	9.09	9.77
8月16日	9.93	10.21	9.21	9.30
8月17日	9.89	10.26	9.13	9.69
8月18日	9.83	10.25	9.08	9.76
8月19日	10.12	9.49	9.29	9.29
8月20日	10.20	9.91	9.25	9.64
8月21日	10.01	9.92	8.97	9.64
8月22日	9.90	9.56	8.99	9.27
8月23日	9.82	9.64	8.87	9.49

日期	25％	50％	75％	95％
8 月 24 日	9.90	9.54	9.32	9.25
8 月 25 日	9.92	9.91	9.33	8.78
8 月 26 日	9.84	10.01	9.37	8.69
8 月 27 日	9.77	9.99	9.41	8.57
8 月 28 日	9.80	9.90	9.49	9.13
8 月 29 日	9.77	10.04	9.58	9.51
8 月 30 日	9.82	9.73	9.63	9.50
8 月 31 日	9.83	9.33	9.66	9.30
9 月 1 日	9.86	9.71	9.71	8.27
9 月 2 日	9.80	9.72	9.71	8.20
9 月 3 日	9.79	9.77	9.51	8.35
9 月 4 日	9.73	9.74	9.55	8.27
9 月 5 日	9.70	9.41	9.63	8.48
9 月 6 日	9.87	9.34	9.55	8.55
9 月 7 日	9.84	9.65	9.56	8.40
9 月 8 日	9.98	9.76	9.65	8.27
9 月 9 日	10.05	9.91	9.82	8.35
9 月 10 日	10.25	9.86	9.59	8.32
9 月 11 日	10.28	9.99	9.97	8.29
9 月 12 日	10.29	9.64	9.83	8.26
9 月 13 日	10.30	9.58	9.89	8.21
9 月 14 日	10.27	9.58	9.88	8.17
9 月 15 日	10.30	9.61	9.80	8.13
9 月 16 日	9.66	9.68	9.63	8.10
9 月 17 日	9.64	9.68	9.69	7.97
9 月 18 日	9.63	9.69	9.64	8.21
9 月 19 日	9.65	9.83	9.65	8.27
9 月 20 日	9.68	9.84	9.45	8.36

日期	25%	50%	75%	95%
9月21日	9.63	9.78	9.81	8.40
9月22日	9.63	9.76	9.98	8.45
9月23日	9.62	9.82	10.01	8.25
9月24日	9.63	9.73	9.59	8.21
9月25日	9.67	9.74	9.17	8.17
9月26日	9.65	9.76	9.66	8.11
9月27日	9.53	9.76	9.66	8.07
9月28日	9.52	9.77	9.66	7.99
9月29日	9.52	9.78	9.66	8.17
9月30日	9.51	9.77	9.67	8.29

11.5　三干闸上游水位

11.5.1　数据处理

三干闸位于总干末端(K27+722)，当水位低于 8.5 m 时无意义，即标尺下数据<8.5 m。根据标尺下数据前后的实测数据，判别水位变化趋势，手动插值。对于缺测数据，采用滑动平均法进行插值，选择缺测数据的前 5 日及后 5 日的已测数据进行算术平均。三干闸上游水位逐日变化过程见图 11.5-1。

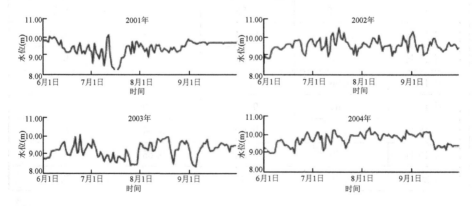

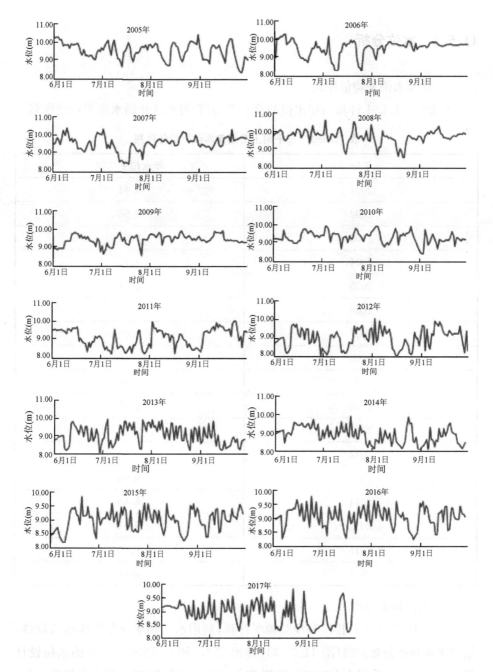

图 11.5-1 三干闸上游水位逐日变化过程

11.5.2 水位分析

1. 计算水位平均值序列

根据图 11.5-1 计算当年水位的算术平均值,得到逐年的水位平均值序列。

表 11.5-1 三干闸上游逐年水位平均值序列

年份	年水位平均值
2001	9.44
2002	9.58
2003	9.24
2004	9.75
2005	9.54
2006	9.53
2007	9.55
2008	9.65
2009	9.44
2010	9.32
2011	9.06
2012	9.03
2013	9.06
2014	8.88
2015	9.01
2016	9.03
2017	8.88

2. 水位频率分析

对表 11.5-1 进行排序和经验频率计算,利用水文频率分布曲线适线软件,绘制水位频率分布曲线(图 11.5-2),得出 25%、50%、75% 和 95% 的水位设计值(表 11.5-2),采用水文比拟法得到 25%、50%、75% 和 95% 的水位变化过程,见表 11.5-3 和图 11.5-3。

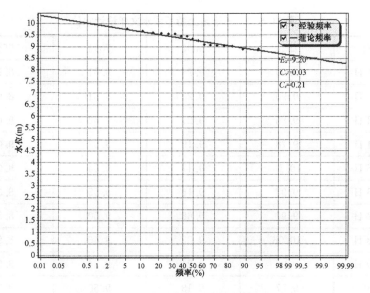

图 11.5-2　三干闸上游年均水位频率曲线

表 11.5-2　三干闸上游设计水位及对应典型年

年型	25％（丰水年）	50％（平水年）	75％（枯水年）	95％（特枯水年）
设计水位	9.48	9.29	9.10	8.83
典型年水位	9.44(2001)	9.32(2010)	9.06(2011)	8.88(2014)

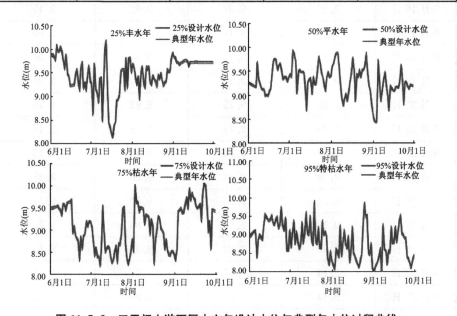

图 11.5-3　三干闸上游不同水文年设计水位与典型年水位过程曲线

表 11.5-3　三干闸上游不同水文年设计水位

日期	25％	50％	75％	95％
6月1日	9.90	9.24	9.51	8.93
6月2日	9.90	9.23	9.51	8.99
6月3日	9.86	9.21	9.52	9.03
6月4日	9.78	9.19	9.53	9.06
6月5日	10.10	9.17	9.54	9.09
6月6日	9.97	9.16	9.55	8.38
6月7日	9.97	9.68	9.50	8.85
6月8日	10.06	9.32	9.46	8.97
6月9日	9.96	9.24	9.34	8.92
6月10日	9.77	9.13	9.59	8.84
6月11日	9.60	9.10	9.58	9.20
6月12日	9.89	9.11	9.46	9.53
6月13日	9.49	8.97	9.62	9.45
6月14日	9.44	8.99	9.65	9.40
6月15日	9.24	8.97	9.64	9.35
6月16日	9.25	9.07	9.69	9.40
6月17日	9.26	9.12	8.94	9.50
6月18日	9.27	9.47	9.10	9.30
6月19日	9.50	9.72	8.89	9.25
6月20日	9.59	9.75	8.82	9.40
6月21日	9.29	9.72	8.78	9.45
6月22日	9.14	9.52	8.34	9.15
6月23日	9.59	9.61	8.86	9.25
6月24日	9.74	9.65	8.59	9.71
6月25日	9.19	9.52	8.88	9.25
6月26日	9.30	9.32	8.91	9.10
6月27日	9.14	9.37	9.21	9.43
6月28日	9.44	9.37	9.09	8.55

日期	25％	50％	75％	95％
6 月 29 日	9.66	9.27	9.21	8.55
6 月 30 日	9.34	9.37	9.20	9.10
7 月 1 日	9.28	9.42	9.07	8.65
7 月 2 日	8.64	9.37	8.79	9.01
7 月 3 日	9.70	9.92	8.44	9.35
7 月 4 日	9.17	9.85	8.61	8.73
7 月 5 日	9.10	9.72	8.41	9.05
7 月 6 日	8.89	9.03	8.41	8.80
7 月 7 日	9.39	9.48	8.21	8.60
7 月 8 日	9.41	9.52	8.61	8.70
7 月 9 日	8.50	9.47	9.56	9.30
7 月 10 日	9.15	9.47	9.00	8.75
7 月 11 日	10.02	9.47	8.52	9.05
7 月 12 日	10.19	9.22	8.60	9.58
7 月 13 日	9.14	8.67	8.65	9.02
7 月 14 日	8.46	9.27	8.61	8.98
7 月 15 日	8.37	9.32	8.41	9.47
7 月 16 日	8.24	9.34	8.28	8.85
7 月 17 日	8.15	9.02	8.34	8.71
7 月 18 日	8.38	9.37	8.52	9.86
7 月 19 日	8.48	9.22	8.66	8.80
7 月 20 日	8.93	9.22	8.29	8.73
7 月 21 日	8.95	9.52	8.71	9.17
7 月 22 日	9.05	9.80	8.69	8.63
7 月 23 日	9.55	9.67	8.92	8.62
7 月 24 日	9.58	9.47	9.49	9.35
7 月 25 日	9.58	9.37	9.54	8.97
7 月 26 日	9.15	9.22	8.71	9.05

日期	25％	50％	75％	95％
7 月 27 日	9.82	9.07	8.38	8.96
7 月 28 日	9.20	9.37	8.25	8.37
7 月 29 日	9.82	9.47	8.36	8.16
7 月 30 日	9.83	9.37	8.52	8.53
7 月 31 日	9.53	9.39	8.80	8.28
8 月 1 日	9.70	9.59	8.54	8.17
8 月 2 日	9.63	9.67	10.02	8.06
8 月 3 日	9.42	9.82	9.63	8.59
8 月 4 日	9.27	9.87	9.65	8.51
8 月 5 日	9.43	9.87	9.42	8.38
8 月 6 日	8.96	9.57	9.52	9.22
8 月 7 日	9.52	9.17	9.51	8.40
8 月 8 日	9.65	8.92	9.50	8.75
8 月 9 日	9.30	8.77	9.14	9.10
8 月 10 日	9.20	8.92	9.36	8.74
8 月 11 日	9.64	9.02	9.34	8.62
8 月 12 日	9.59	8.87	9.31	8.93
8 月 13 日	9.64	9.07	8.91	8.23
8 月 14 日	9.31	9.27	9.25	8.50
8 月 15 日	9.27	9.47	9.09	9.19
8 月 16 日	9.46	9.77	8.25	8.48
8 月 17 日	9.39	9.52	8.81	8.39
8 月 18 日	9.34	8.87	8.99	8.27
8 月 19 日	9.22	9.42	9.32	8.17
8 月 20 日	9.47	9.37	9.29	8.10
8 月 21 日	9.39	9.52	9.06	8.30
8 月 22 日	9.50	9.37	9.01	8.45
8 月 23 日	9.35	9.52	8.94	9.30

日期	25%	50%	75%	95%
8 月 24 日	9.24	9.52	8.58	9.82
8 月 25 日	9.32	9.62	8.80	9.45
8 月 26 日	9.33	9.87	8.56	9.50
8 月 27 日	9.58	9.47	8.46	8.48
8 月 28 日	9.54	9.22	8.45	8.43
8 月 29 日	9.54	9.09	8.54	8.73
8 月 30 日	9.79	8.84	8.54	8.10
8 月 31 日	9.94	8.62	8.46	7.98
9 月 1 日	9.85	8.47	8.34	8.09
9 月 2 日	9.84	8.42	8.58	8.17
9 月 3 日	9.74	8.42	9.44	8.25
9 月 4 日	9.74	9.72	9.46	8.41
9 月 5 日	9.69	9.32	9.51	8.60
9 月 6 日	9.73	8.87	9.40	7.95
9 月 7 日	9.74	9.04	9.41	9.25
9 月 8 日	9.76	9.32	9.59	8.58
9 月 9 日	9.78	9.47	9.74	8.55
9 月 10 日	9.78	9.22	9.49	8.18
9 月 11 日	9.77	8.97	9.94	8.54
9 月 12 日	9.66	8.67	9.68	8.50
9 月 13 日	9.74	9.17	9.84	9.18
9 月 14 日	9.74	9.14	9.74	8.75
9 月 15 日	9.74	9.08	9.71	8.77
9 月 16 日	9.74	9.07	9.54	9.18
9 月 17 日	9.75	9.16	9.51	8.78
9 月 18 日	9.75	9.15	9.54	9.05
9 月 19 日	9.74	9.15	9.59	9.37
9 月 20 日	9.74	9.27	9.21	9.50

（续表）

日期	25%	50%	75%	95%
9 月 21 日	9.74	9.62	9.88	9.00
9 月 22 日	9.73	9.37	10.05	8.97
9 月 23 日	9.74	8.80	10.01	8.88
9 月 24 日	9.74	9.27	9.61	8.88
9 月 25 日	9.74	9.26	8.97	8.38
9 月 26 日	9.74	9.18	9.21	8.33
9 月 27 日	9.74	9.13	8.59	8.22
9 月 28 日	9.74	9.21	9.47	8.09
9 月 29 日	9.74	9.19	9.46	8.29
9 月 30 日	9.74	9.18	9.45	8.41

11.6 不同年型总干沿线水位变化分析

根据上述水位的水文统计分析,得到淮涟灌区不同水文年型(25%、50%、75%和95%)总干渠沿线不同位置的水位随时间的变化过程,如图 11.6-1 所示;同时得到不同水文年型总干渠沿线不同位置的平均水位(表 11.6-1),以及总干沿线各干闸上游水位-闸门开度-流量关系曲线(图 11.6-2),为总干渠沿线分水闸门启闭与自动化控制提供参考。

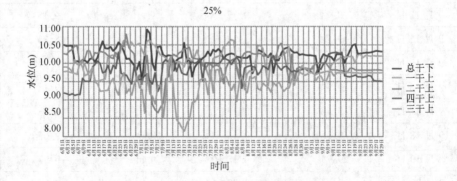

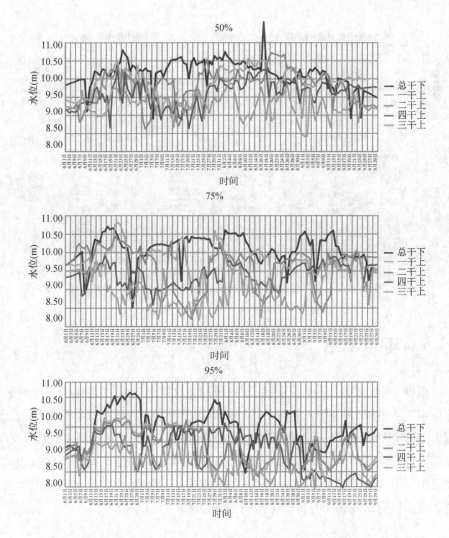

图 11.6-1 不同水文年型总干沿线水位变化过程

表 11.6-1 不同水文年型总干沿线平均水位

水文年型	平均水位(m)				
	总干闸下	一干闸上	二干闸上	四干闸上	三干闸上
丰(25%)	10.22	10.04	10.00	9.80	9.48
平(50%)	10.15	9.84	9.80	9.61	9.29
枯(75%)	10.08	9.64	9.61	9.42	9.10
特枯(95%)	9.98	9.38	9.34	9.14	8.83
均值	10.11	9.73	9.69	9.49	9.18

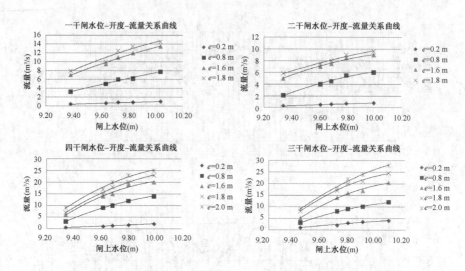

图 11.6-2　总干沿线各干闸上游水位-闸门开度-流量关系曲线

11.7　本章小结

根据 2001—2017 年水位观测资料，采用水文统计法与水文比拟法，分析了不同水文年型(25％、50％、75％和 95％)情况下淮涟闸下游、一干闸上游、二干闸上游、四干闸上游和三干闸上游的设计水位过程；分析了淮涟灌区不同水文年型(25％、50％、75％和 95％)总干渠沿线不同位置的水位随时间的变化过程，以及总干渠沿线各干闸上游水位-闸门开度-流量关系曲线，为灌区水源精准调度、总干渠沿线分水闸启闭与自动化控制提供参考。

12　灌区信息化管理平台设计与水源精准调度模式实现

随着社会科学技术的不断进步,信息化技术在灌区得到了广泛运用。淮安市淮涟灌区基于大型灌区水源精准调度需求,对水源精准调度信息化平台设计与实现进行了探索与研究,即在灌区信息化管理平台设计与开发的基础上,提出了基于信息化云平台的大型灌区水源精准调度模式,对灌区水源调度与用水管理具有很好的借鉴意义。

12.1　总体设计

12.1.1　设计思路

系统总体功能是为淮涟灌区水源精准调度提供全面的信息化、智能化支持,以地理信息系统的应用为系统的主要表现技术。通过公共通信网络及物联网技术为传输通道,大型数据库技术为底层数据支撑手段,采用云平台系统架构,全面搭建灌区信息化的应用管理平台。

(1)将系统中包含的专业模型采用模块化开发,系统运行分析的成果存储到成果数据库中。

(2)系统支持 web 浏览器方式运行,信息化平台系统与专业成果数据库对接,实现专业成果的网络发布。决策支持信息化平台可运行于水利专线网中的任意具有权限的用户。

(3)系统将做到数据采集、数据库与用户电脑的无缝连接,实现最优化信息管理,以保证系统分析成果精度。

系统设计总体思路见图 12.1-1。

12.1.2　平台框架

系统总体采用 B/S 架构,MVC 三层架构模式,采用 J2EE 技术路线研发,采

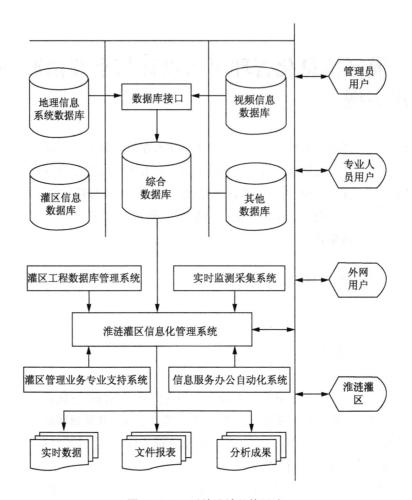

图 12.1-1　系统设计总体思路

用 SpringMVC＋Hibernate 开源框架，前台采用 EasyUI(Jquery)＋Ajax，后台数据采用 SQL Server 2008 R2 Express。灌区信息管理系统部署于云服务器，对外提供 web 服务，用户输入用户名和密码，通过浏览器进行操作。

淮涟灌区信息化建设方案，是应用移动通信传输系统实现信息远程传输，将监测点数据汇集至监测与分析物联网云服务平台，最终通过 PC 客户端与手机 APP 实现对监测数据实时显示、查询、管理等功能。方案总体体系架构如图 12.1-2所示。

（1）感知层：感知层主要完成水位、流量的实时采集与发送任务，主要由水位传感器、流量传感器、太阳能供电系统、数据传送模块等组成，传感设备安装布

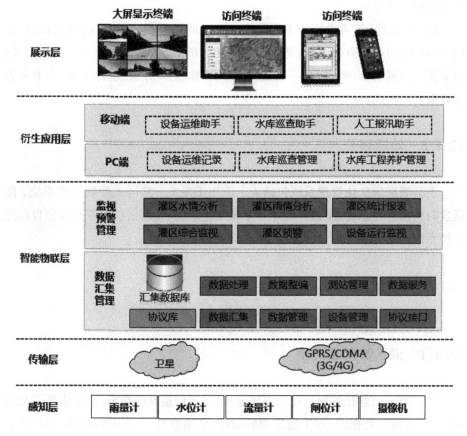

图 12.1-2 软件平台体系结构图

设在需要监测的渠道、闸门旁或指定监测区域。同时,根据需求可提供当地气象信息的接入,或者自行收集灌区区域的气象信息。

(2) 传输层:网络层需要支持移动、无线、有线、卫星等多种通信方式,在实际信息化建设中可根据数据规模、采集频次以及时效性要求,自主适配各种组网方式,支持多信道的数据上报。

(3) 智能物联层:信息资源层是实现水位信息、地图信息、测点基本信息、人工观测信息、水量单价等信息的数据汇集,并为数据访问者提供数据服务。同时完成数据库的建设管理任务,为实现应用层的功能提供数据支撑。

(4) 衍生应用层:根据建设需求,应用层实现灌区水位、流量等信息的实时监视与告警功能,同时应该展现按量计费用水的应收费用金额,为水费征收提供依据。并且能完成灌溉进度的时段显示,在预期灌溉时间结束前的一定时段给出关闭阀门的提示。

（5）展示层：按需求支持 PC 端的 web 访问以及手机 APP 的应用访问，让用户不受时间和地点的限制，都可以查看相关的灌区实时监测信息等内容。同时监测与预警物联网云服务平台提供电子地图、空间分析、统计图表、专业报表等数据展现方式。

12.1.3　功能划分

淮涟灌区信息化管理系统包括 4 个应用子系统：灌区工程数据库系统、灌区实时信息管理系统、灌区管理业务专业支持系统、灌区信息服务及办公自动化支持系统。系统各部分功能如图 12.1-3 所示。

12.2　建设内容

12.2.1　灌区数据库建设

淮涟灌区信息化管理系统数据库分成：地理信息系统数据库、水雨情信息数据库、灌区信息数据库、水工建筑物数据库、泵站数据库、实时数据库、视频信息库、模型方法库、水费计收数据库、知识库、图形库。各种数据经过人工录入，或利用已有地理数字信息转入，或经数据采集系统自动采集，形成数据库中重要的原始数据。而后，通过信息处理、资料分析等研究，对库中数据进行分析处理，建立一个方便、实用、可靠的数据库系统。

（1）地理信息系统数据库

地理信息系统数据库的建设要按照灌区用图标准建立 1∶10 000 比例尺水利专题图和数字高程地图，并根据具体业务要求进行基于级别和类型的更细化分层，同时分别列出不同的工程属性，如灌区整体分布、灌区分区、干支斗农渠道划分、水工建筑物、泵站等所有水利相关的应用。专题图层要与各个综合数据库相联系，将地图基本要素与水利各专业需要相关联，为水利各业务提供基础信息。

（2）水雨情信息数据库

水雨情信息数据库的建设主要是管理灌区内各雨量站、水位站、流量站的历

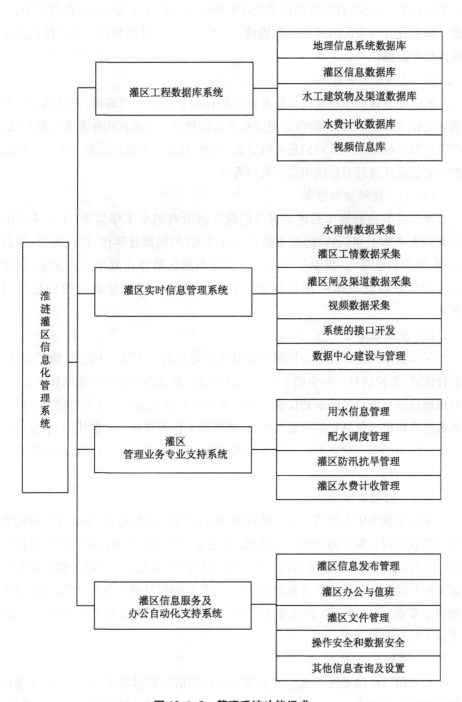

图 12.1-3　管理系统功能组成

史数据信息,将实时数据库的信息经过整理分析然后保存到水雨情数据库中,为灌区信息化管理系统的其他功能模块,应用模型提供基础数据。为灌区信息化管理提供依据。

(3)灌区信息数据库

灌区信息数据库的建设是将灌区的整体信息进行整理编辑,并根据变化对灌区变化进行整体分类,能够通过显示界面清楚地看到灌区历年来发生的变化,能够使具有权限的人员对信息进行更新、修改,保证数据库的信息为最新。经过发布满足灌区管理对灌区信息查询的需求。

(4)水工建筑物数据库

水工建筑物数据库的建设将会把灌区内所有的水工建筑物(干支斗农上所有的大小水工建筑物)的基本数据进行录入(包括修建年代、设计流量、控制面积、维护信息等)。借助于地理信息系统在灌区整体布置中加以显示,通过对地理信息系统具体的建筑物位置点击或者悬停对该建筑物的信息进行浏览。

(5)泵站数据库

泵站数据库的建设将会把泵站的基本信息进行人工录入(包括:修建年代、设计流量、维护信息等),借助于地理信息系统在灌区整体布置中加以显示,通过对地理信息系统具体的泵站位置点击或者悬停对该泵站的信息进行浏览。同时该数据库将记录泵站机组的运行状况,能够使工作人员对机组的使用、水量的提入以及机组的运行状态有更多的了解和掌握,保证机组的运行安全和对几组运用效率的提高。

(6)实时数据库

实时数据库中存放实时的水情数据、雨情数据和流量数据、渠道等工程的实时工情数据以及灌区的实时用水情况;其主要为灌区的灌溉调度提供实时的依据,为灌区灌溉情况的整体把握提供直观可靠的数据支持。实时数据库将在保证实时对灌区各测点信息掌握的基础上,对采集的信息进行分类处理,根据具体的规范要求,将数据整合到其他数据库中,保证了数据的完整性和连续性,同时保证了信息的最新化。

(7)视频信息库

视频信息库的单独建立主要是考虑到视频信息容量较大,数据传输处理占用空间较大的特点。视频信息库的建立将使灌区视频录像的管理更加规范化,同时也保证了系统的运行效率。相关人员在工作需要时可以随时对以前的视频信息进行调用,为以后的工作及经验的累积提供良好的媒介。

（8）模型方法库

模型方法库将录入经过优化的灌区灌溉方案（由于灌区灌溉的实时变化性较大,受时令、降水等因素的影响较大,所以优化的灌溉方案在实际中的作用还是对灌区的整体灌溉调度起到参考作用）。用水方案、配水方案、防洪调度预案等。能够为以后的工作提供更多的便利、并经过率定能够进行对方法库的更新,为方法库的准确性提供保障。

（9）水费计收数据库

水费计收数据库的建立是灌区专业业务管理的重要一环,将以往以手工操作记录的纸质历史翻开新的一页。水费计收数据库将具有水费缴纳、收费总计、收费历史、单据打印等一系列工具,能够使灌区的水费计收更加规范化。

（10）知识库

知识库信息包括系统分析评价要用到的标准、准则与评价等级,并对历史数据成果进行存储。还包括各种专业决策准则与预案。

（11）图形库

图形数据库包括各子系统所需的图形数据以及各系统分析成果的图形信息（如灌区用水量线、水闸水位流量关系曲线、灌区需水曲线等）。

12.2.2　通信网络

灌区数据通信有有线和无线两种方式。现场前端采集设备与数据采集发送装置采用有线连接方式,数据采集发送装置与云平台采用无线连接方式。

有线方式。一般使用普通双绞线或者通信电缆,由于传输距离比较近所以安全性高,数据传输稳定,造价便宜。

无线方式。主要采用 GPRS 方式传输,利用运营商公网 4G,速度快稳定性好,价格不高,只要选择支持此种传输方式的数据采集发送装置就可。

12.2.3　地理信息系统

地理信息系统为灌区的水资源调配、作物种植结构、灾害预测和评估、工程运行的科学性、经济性和可持续发展性的分析提供了基本的技术手段和直观的判断依据,是灌区高水平建设和管理的决策支持基础。

（1）可视化监测

通过对灌区内的各种资源进行动态监测,在地理信息系统空间数据及其可视化表现功能的支持下,实现监测数据的时空分布状况,物理指标以及对灌区水管理的影响的三维综合分析。

（2）资源综合查询

在灌区基础数据库的支持下,以灌区电子地图为背景,可以对各类资源信息实现快速、准确的查询、检索及分析处理。通过地理信息系统对 Web 应用的支持,在 Internet 上发布信息,为社会公众服务。

（3）管理决策支持

以地理信息为基础,通过建立水管理专业计算分析模型,并内嵌于管理信息系统中,结合实时、动态的现场监测数据,形成灌区水资源利用规划、水利工程设计建设和运行管理的决策方案。

12.2.4　云平台体系架构

从体系架构上,云平台可以分为五大部分:数据汇集、数据处理、数据共享、数据展示和数据存储。

（1）数据汇集部分。平台支持分布式多级分级管理架构,采用接入分散、分级集中的模式（多级中心）,数据可以在各级系统间无缝流动,有效地适应海量分散的数据源接入;采用插件式设计的数据驱动模块,可扩展性的支持多种通信协议和多种数据协议,实现异构数据源的接入。

（2）数据处理部分。基于云计算架构、采用自适应负载均衡的分布式数据处理系统,实现了数据合成、行业数据整编等功能,保证了海量接入数据的实时处理。

（3）数据共享部分。平台提供基于访问控制的实时数据推送、定时数据同步和数据查询服务等多种灵活的数据交换共享服务及相关的 SDK,实现跨地域、跨机构、跨领域的数据交换和资源共享,保证了数据交换的实时性和安全性,可满足不同应用信息资源共享与利用的需求。

（4）数据展示部分。平台基于最新互联网架构的可视化数据展示,提供多维度、多种形式的数据查询、统计分析,支持个性化的报表图表输出,同时提供包括 ios 和 android 系统的云 APP,满足移动办公的需求。

（5）数据存储部分。平台采用多级缓存、批量处理、分库分表等技术，保证了海量数据存储的高效稳定。

12.3 技术实现

12.3.1 数据采集

1. 采集设备

（1）雷达水位计。雷达水位站主要是利用雷达水位计对交通桥处，或闸房、渠道旁采用壁挂或立柱探臂安装方式对水位进行测量，通过水位流量关系公式换算得出流量值。

（2）遥测雨量计。翻斗式雨量传感器是一种水文、气象仪器，用以测量自然界降雨量，同时将降雨量转换为以开关量形式表示的数字信息量输出，以满足信息传输、处理、记录和显示等需要。

（3）视频摄像头。包括可旋转球头（图像传感器：1/2.8 Progressive Scan CMOS；水平方向360°连续旋转，垂直方向—15°～90°，无监视盲区；支持 NAS 存储录像，录像可断网续传）和固定枪机（传感器类型：1/2.7 Progressive Scan CMOS；最高分辨率可达 1920×1080 @ 30 fps，可输出实时图像）；码流平滑设置，适应不同场景下对图像质量、流畅性的不同要求；支持 Micro SD/SDHC/SDXC 卡（128G）本地存储。

（4）智能采集终端。专为行业物联网应用所精心打造的集数据采集、视频监控、设备控制于一体，并支持多种通信方式的智能综合采集设备。

（5）闸位计。闸门开度传感器（闸位传感器）是针对闸门测量的特点，采用光电绝对值式或机械式编码器，在内部以精密的变速机构制造而成。其输出信号有并行格雷码、串行 RS485、4～20 mA 标准模拟量等多种方式可供用户选择。该传感器安装方便、适应性强，稳定可靠，集检测与 A/D 转换为一体，具有断电记忆功能。适合对各类闸门（平板门、弧形门、人字门、门机、桥机等）的起吊高度进行测量。

2. 数据采集与处理

对上下游水位、闸门开启高度、启闭机荷载、电气系统电量等参数、越限报警进行周期采集，最后经格式化处理后形成实时数据并存入实时数据库。

3. 数据汇集

数据库汇集程序实现对已存在数据库体的业务系统的数据汇集,包括了现有历史数据和增量数据(即变化的数据)的同步抓取,该程序提供数据抓取服务、数据处理服务、数据上报服务、抓取配置服务、信息展示、日志查询等功能。

数据汇集接收后,将按照参数类型及相关的合成功能进行合成计算。按照参数类型,数据合成包括了雨量合成、水位合成、流量合成、墒情数据合成等。针对汇集接收的实时数据,按照水文整编规范要求,提供一系列整编服务,实现各类数据的整编处理,为业务应用提供数据支撑。

4. 数据服务

数据服务接口按照使用的方式可分为实时数据和非实时数据,其中由于地理信息数据的特殊性及独立性需要单独分立,则服务接口可分为实时数据服务接口、非实时数据接口以及地理信息数据接口。

(1)实时数据接口。系统提供实时数据接口服务目录功能,能够显示系统提供的所有服务目录,点击查看每个接口服务的详细信息,实时数据接口包括实时雨情信息服务、实时水情信息服务、实时流量信息服务和实时闸位信息服务。如图 12.3-1 所示。

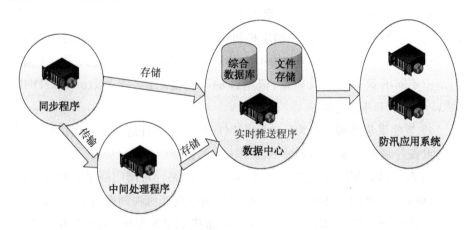

图 12.3-1 实时数据访问接口示意图

(2)多媒体数据接口。系统提供多媒体数据接口服务目录功能,能够显示系统提供的所有服务目录,点击查看每个接口服务的详细信息,实时数据接口包括实时天气预报信息服务、实时卫星云图信息服务、实时雷达云图信息服务、实时视频资源目录服务和实时图像资源目录服务。如图 12.3-2 所示。

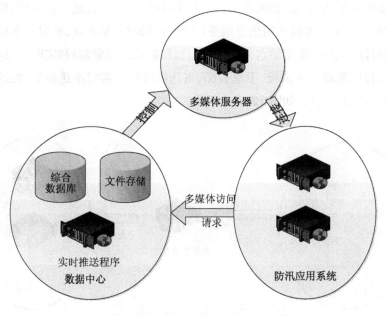

图 12.3-2 多媒体数据接口示意图

（3）查询式服务接口。系统针对业务系统对于防汛综合数据的访问需求，定制了一系列包含基础信息、业务信息、成果信息的查询服务，提供每类服务目录功能，能够显示系统提供的所有服务目录，点击查看每个接口服务的详细信息。如图 12.3-3 所示。

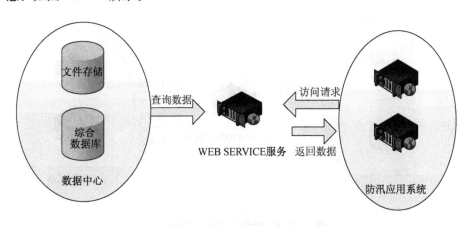

图 12.3-3 查询式服务接口示意图

（4）订阅式服务接口。数据中心通过用户的订阅规则（数据类型、发送周期），主动将数据发送给应用系统。实时数据订阅服务包括实时雨情信息服务

（系统提供最新、早 8 点、整时等雨情信息实时推送服务，推送站点范围、周期、数据格式按需定制）、实时水情信息服务（系统提供最新、早 8 点、整时等水位、流量信息实时推送服务，推送站点范围、周期、数据格式按需定制）和实时气象信息服务（系统提供最新天气预报、卫星云图、雷达图等信息实时推送服务，推送周期、数据格式按需定制）。如图 12.3-4 所示。

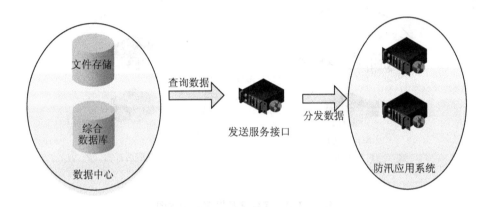

图 12.3-4　订阅式服务接口示意图

（5）操作式服务接口。数据中心通过发布 WEB SERVICE 服务方式供应用系统访问。系统针对上报数据提供一系列包括新增、修改、删除、比较、复制等数据操作服务接口，方便上报单位对上报数据的管理维护。如图 12.3-5 所示。

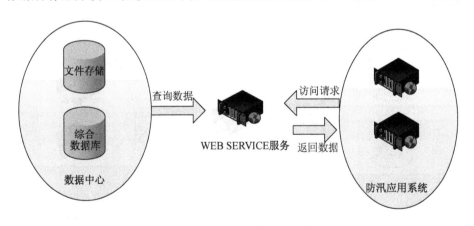

图 12.3-5　操作式服务接口示意图

（6）用户统一认证服务。以水利局信息中心现有的用户认证体系为基础，开发定制与水利局信息中心用户认证体系的接口，实现平台的用户认证，包括用户登录验证、用户注销、用户信息校验、用户信息查询和用户访问权限等。

5. GIS 服务

系统中涉及大量结合 GIS 的功能与应用。提供 GIS 服务来实现相关信息的展示、信息的交互。可用的 GIS 服务端资源包括信息中心以及公网地图。本平台新建的 GIS 服务在上述 GIS 资源服务的基础上提供各类基础图层、标注服务、定位服务、等值线面等动态分析服务。

12.3.2　通信网络

淮涟灌区信息化系统由基础信息采集、数据存储管理和运行分析、信息查询服务、信息发布所组成，系统建成以后，云平台能够收集到各监测点流量、水位信息，从而为灌区管理局水务计算、水调、防洪调度提供决策服务。

淮涟灌区信息化系统的雨水情、流量信息流程采用单点上云，直接发送的流程，即每个智能化采集终端都能够直接与云平台对接进行数据的传输。云平台接收到数据后再后台进行整理和分析，然后储存到基础信息数据库中，供各云应用模块来调用这些数据进行分析、计算、查询、修改、备份等操作。

12.3.3　量水系统

水工建筑物测流法测流是根据闸门上下游水位及闸门开度，通过经验公式计算出闸门过闸流量。其优点是只要准确地测量出上下游的水位及闸门开度，即可换算出流量，是一种常用的测量方法。但由于受各种水工建筑物的结构、闸门形状和上下游出水口的流态等多种因素影响，流量系数不太好确定，必要时需要通过人工测量率定的方法来确定流量关系曲线，测量精度与关系曲线的精度有关。由于这种方式技术较成熟，设备稳定可靠且经济实惠。因此在淮涟灌区选择这种方式进行自动测流。

（1）一体化雷达水位、雨量计。一体化水位、雨量监测站设备包括水位计、智能采集终端、太阳能电池、蓄电池、设备基座、防雷接地和无线通信等模块组成。数据采集单元采用太阳能电池板浮充铅酸蓄电池的方式进行供电，能确保设备常年稳定运行而无须维护。

（2）闸位计安装。闸位传感器的选用和安装连接方式主要是根据不同的闸门形式和现场环境来决定的。一般来说，闸门主要形式有平板闸、弧形闸和人字闸;启闭机常见的提升方式有卷扬式、螺杆式和液压式;连接方式主要有直联结和轴联结。

12.3.4 视频系统

多媒体视频监视系统是灌溉区域综合业务管理系统的一部分,具有非常重要的意义。它能将被监控现场的实时图像和数据等信息准确、清晰、快速地传送到控制室监控中心,监控中心通过视频监控系统,能够实时、直接地了解和掌握各被监控现场的实际情况,同时,中心值班人员能根据被监控现场发生的情况做出相应的反应和处理,更加有效地管理灌溉设施的运行情况及其周边现场情况。

12.3.5 云平台建设

1. 综合数据库建设

灌区综合数据库建设是信息化建设完整链条中十分关键的一环,灌区综合数据库建设包括两个方面的内容,即数据库结构建设和数据库内容建设。数据库结构指通过对灌区的剖析,对灌区的信息进行合理的分类,按照数据库设计的有关理论和方法设计出结构上合理、技术上易于实现、满足应用要求的逻辑数据库和物理数据库。数据库内容则是根据灌区的实际情况,使用数据库管理系统提供的录入工具将灌区的资料输入数据库,使数据库成为一个具有丰富资料的数据库,满足灌区日常管理和决策支持的要求。

2. 地图绘制

(1)基础地理信息数据集。基础数据图层包括行政区划、水系、路网、桥梁、居民地、地形 6 大类数据;工程空间数据库包括业务常用的空间数据,具体到地理图层,包括工程施工点、河流、渠道、流域等水利相关工程等。与地理位置紧密相关的空间数据,采用与国家相关标准指定的统一的地理编码、坐标系统、分类编码等,与地理信息进行整合。

(2)电子地图制作。电子地图是针对在线浏览和标注的需要,对矢量数据、影像数据、水利专业数据、高程数据进行内容选取组合所形成的数据集。经符号化处理、图面整饰后可形成的重点突出、色彩协调、符号形象、图面美观的电子地图。电子地图制作的内容有两类:线划地图数据、影像地图数据两类。其中线划地图数据是以矢量数据高程数据与高程数据组合而成,叠加空间数据;影像地图数据以航空、航天遥感影像为基本内容，叠以适当的空间数据。

（3）空间数据加工整理。包括：基础地形图数据的图形、属性数据质量检查修改；基础地形图数据的分幅数据格式转换、拼接、入库；基于现有基础地形图根据业务需要进行数据的分层；基于现有的基础地形图，进行工程施工点、水土保持流域、农田水利设施、乡镇供水工程的标注，属性添加等，形成专业图层。

（4）空间数据整理步骤。主要包括原始数据采集、数据处理与标准化、数据审核校正和数据入库四个步骤，如图 12.3-6 所示。

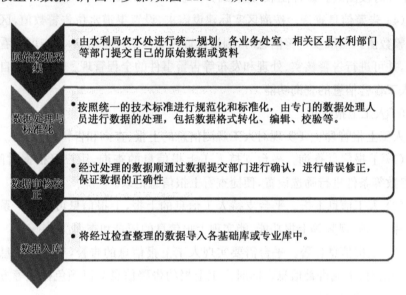

图 12.3-6　空间数据整理步骤

3. 实时监测与告警

监测与预警物联网云服务平台以电子地图方式展现实时监测视图。用户既能一目了然地看到总体灌区监测站的分布情况，也能深入了解单个测站的各类实时监测数据及设备运行状态。当有告警信息时，告警信息在测站位置上闪烁，点击显示告警详情，平台支持告警事件全程管理功能，用户可跟踪、核实、处理告警信息，最终发布告警信息或关闭告警。

同时，平台提供监测站点定位、测站基本信息、实时监控信息、设备状态信息的浏览。并且平台具有监测数据标注、监视告警周期设置、重点关注站点设置等辅助功能。

4. 信息查询统计

（1）时序过程查询。平台以列表方式显示时序数据，用户可查看带时间标签的监测数据,包括实时渠道水位、灌溉进度等内容。

（2）基本信息查询。平台提供测站基础信息的查询,包括行政区划、测站位置、测站类型、水费单价、按量计费统计等基本信息的查询。

（3）统计信息查询。平台需要提供实时监控数据的查询统计和原始监测数据的查询,具有过程线、柱状图、时段报表等多种直观的统计数据展现方式。平台支持测站、时间、行政区域等多种组织条件的筛选查询,可按需要生成日、旬、月、年等时段图表。统计图表可直接打印或导出为 Excel。

（4）告警信息查询。按灌区实际建设需求,设置渠道水位告警数值,区域图像告警数值。当触发告警信息时,测站位置闪烁提示告警信息,点击可查看告警详情,并可进行告警核实、处理和发布等告警事件的全程管理。平台提供自动告警、人工告警信息的查询功能。

5. 人工上报管理

人工上报管理主要实现对人工观测信息的上报、查询和告警功能。

（1）上报信息查询。平台支持人工上报信息的查询,用户可根据时间、测站、参数等条件进行筛选设置,便捷查看上报信息记录。

（2）人工信息上报。平台支持人工信息的上报,上报信息可编辑。系统提供图片、音频、视频等上报功能,能实现上报信息的记录和查询。

（3）上报信息告警。平台需要实现人工上报信息的告警,当上报信息触发告警阈值时,生成告警信息。同时人工上报的告警信息会以颜色标注等方式与自动告警信息区分显示。

6. 按量计费统计

农业水费是维系农田水利设施正常运行的主要经济来源,水费征收也有利于节约用水和提高水资源利用率。灌区建设中,根据水位—流速、流速—水量计算公式,计算出灌溉用水量,灌溉用水按量计费。收集整理水费单价、阶梯式收费标准,列表显示灌溉用水应收费用金额。列表显示水费单价、用水量、应缴水费以及阶梯式收费标准等信息,为灌溉用水收费提供依据。

7. 灌溉进度统计

灌区根据灌溉面积、农作物种植结构,雨水墒情等信息制订灌溉用水计划,包括一定区域内的灌溉用水量。同时根据灌溉需要水量及渠道过流能力,估算该区域灌溉完成所需时间。本次灌区建设中,需要时段显示灌溉进度。即设定一定时间间隔,以此间隔为时间周期,周期性显示灌溉进度,灌溉进度可为一个百分数或灌溉已用时间数值。

灌溉即将完成前，给出信息提示，提醒关闭放水阀门。如计划灌溉用时两小时，则在计划灌溉用时即将耗尽时给出相关提示。

8. 值班管理

值班安排和记录：包括内部值班安排、日常值班记录、突发事件核实和记录、记录管理、值班日历导出、替班、换班、值班签到、值班说明等内容。提供切换值班日历的月份，并可以迅速定位至今日。

9. 通讯录

为更好地配合现场协调工作，提供通讯录管理功能，在前台界面高级用户可以设置各个层级，如年份、行政区划等。通讯录管理设有人员管理、人员信息查询等功能。在后台加密处理所有的资料信息，确保数据的安全。

10. 公文管理

上级用户在公关管理部分，实现文件的下发管理，下级用户支持点击附件进行文档的下载。公文管理主要包括公文分组管理、记录新增、组别新增、公文查询、公文编辑、公文下载等功能。

11. 现场协同

现场信息收集与报送，现场信息多样，相应的信息收集与报送方式根据信息类别有所区别。系统提供各类信息的格式化录入界面，使用者可直接录入相关数据、信息；同时使用者也可将现场采集的图片信息及时上报。

12. 平台管理

业务应用管理功能包括统一用户管理与授权、日志管理、告警规则设置、平台监控、配置管理。

13. 手机 APP

系统配备手机客户端供用户使用。手机客户端能够集成 PC 服务端的大部分功能。结合手机具备 GPS 定位的特点再为客户开发一些基于地图定位的使用功能，如随手拍、巡查巡检等。

12.4　基于云平台的灌区水源精准调度模式

根据淮涟灌区现有骨干渠系分布以及灌区用水情况，分析淮涟灌区不同水文年型作物灌溉制度，基于大数据、云计算、物联网技术，综合分析每条干渠渠首引水量，通过干渠渠首闸启闭控制，在总干渠渠首给定流量相对固定的前提下，采取基于动态轮灌（变流量变历时）的实时水源调度方案，对灌区水源及各干渠引水量进行科学分配,减少用水矛盾,提高灌溉设计保证率,达到灌区水源效益最大化,同时最大限度节约灌溉水量。

12.4.1 灌区轮灌方案

借鉴国内很多学者对灌区最优工作制度开展的研究,结合淮涟灌区水源调度存在问题与多年运行经验,对灌区轮灌方案进行了不断探索与总结。淮涟灌区水源引水总量,包括总干渠沿线四条干渠渠首引水量、直挂斗渠引水量和沿程损失水量之和。根据灌区各支渠控制范围内作物灌溉制度、种植面积和灌溉水利用系数等,确定每条干渠渠首引水量式(12.4-1)。同时,结合总干渠沿线各干渠空间分布及地方各用水片区特殊情况,制定灌区轮灌方案(见表 12.4-1);根据渠首上下游水位、开闸延续时间及闸门开度等,控制渠首最低引水流量。

$$W_i = \sum_{j=1}^{n_j} W_{ji} = \sum_{j=1}^{n_j} \sum_{k=1}^{n_k} \frac{\sum_{r=1}^{n_r} A_{rk} m_{ri}}{\eta_k} \tag{12.4-1}$$

式中,W_i 表示第 i 时段各条干渠渠首引水量之和,W_{ji} 表示第 i 时段第 j 条干渠的渠首引水量,A_{rk} 表示第 k 条支渠控制范围内第 r 种作物的种植面积(万亩),m_{ri} 表示第 i 时段第 r 种作物的灌水定额(m³/亩),η_k 表示第 k 条支渠控制范围的灌溉水利用系数。

表 12.4-1　淮涟灌区直管涵闸(干渠)循环轮灌方案

时　间	第一天	第二天	第三天	第四天	第五天	第六天	…	责任人及联系电话
三干闸	7时开	7时关	关	7时开	7时关	关	…	站长或管理员联系电话
一干闸	8时关	10时开	开	8时关	10时开	开	…	站长或管理员联系电话
二干闸	8时关	10时开	开	8时关	10时开	开	…	站长或管理员联系电话
四干闸	7时关	7时开	开	7时关	7时开	开	…	站长或管理员联系电话
古寨退水闸	关	关	关	关	关	关	…	站长或管理员联系电话
杰勋河地涵	开	开	开	开	开	开	…	站长或管理员联系电话

在具体实践操作中,灌区每条斗渠、支渠或干渠控制的灌溉区域需水量是不断变化的。一方面由于受到市场经济手段调控影响,大部分农村劳动力基本在城里务工,农忙时回家突击几天完成水稻栽插愿望强,导致灌区灌溉集中用水现象比较明显;另一方面淮阴区水稻集中泡田栽插时间比涟水约提前 3～5 天,但是涟水的水稻栽插速度往往比淮阴区快。同时,灌区用水面广,各片区灌溉情况复杂,常常导致用水紧张,地方群众矛盾激化,难以顺利执行轮灌方案。因此,需要及时收集灌区面上用水信息,在上述轮灌方案的基础上,通过统筹调节各个渠首闸门启闭开度,调度各干渠引用水量,缓解用水矛盾,同时使灌溉水源得到高效利用。综合运用大数据、物联网、云计算等现代科技手段,调试与制定灌区动态轮灌方案,具体实现途径如图 12.4-1 所示。

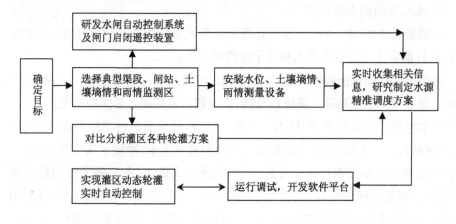

图 12.4-1　灌区动态轮灌方案实现路径

12.4.2　水源实时调控

水源动态调控是综合运用大数据、物联网、云计算等现代科技手段,基于灌区动态轮灌方案的基础上,通过信息化系统采集的数据,对灌溉水源供给量、灌区作物需水量进行实时分析,对水源调度方案进行动态调整,实现基于"物联网＋动态轮灌"为主要模式的灌区水源精准调度,从而改变了防汛防旱预案"一案多年"、渠首闸门"大开大合"的水源粗放管理方式,推动灌区科学高效利用水资源,实现基于现代科技手段综合运用的灌区水源精准调度管理模式。

同时,根据多年来水情况和水源调度实际操作经验,结合当前农业产业结构,制定如下水源调度原则和方法:

1. 水源调度原则

（1）平水年按照省防指用水计划分配的灌区渠首闸引水量，根据各干渠首控制面积比例进行配水。管理人员可根据实时情况将闸门开启高度上下浮动0.2 m，并及时向指挥人员汇报。

（2）非平水年根据水源实际情况采取续灌、轮灌、集中供水等方式灵活调度。管理人员必须严格执行指挥人员指令。

（3）干渠以下的水量调度由所在县（区）负责。

2. 水稻育秧期水源调度

灌区水稻育秧推广旱育秧技术，在此期间供给少量水源，只保水量、不保水位。淮涟闸一般供水 10～15 m³/s。

3. 水稻栽插期水源调度

水稻栽插前期，市、县（区）灌区管理单位要积极做好蓄水保水工作，力争在6月10日前将干支渠道充满水和骨干排涝河道蓄满水。

对油菜茬等能提前栽插（6月1日—6月10日）的乡（镇）、村、组，市、县（区）灌区管理单位要积极动员农民抢栽抢插，以缓解高峰期用水紧张的情况。

在水稻栽插高峰期（6月11日—6月30日），针对灌区内干渠断面大、线路长、以泵站提水为主的特点，为确保水稻大面积栽插用水，原则上从6月11日—6月25日根据水稻面积按流量分配，采取续灌方式供水，在水稻大面积栽插基本结束后，根据实际情况，灵活调度，分别控制一、二、三、四干闸，集中水量向用水困难的地区供水，解决局部用水问题。另外对于已建补水泵站的地区，县（区）水利主管部门要充分发挥补水泵站的作用，缓解灌溉水源紧张问题。

4. 水稻生长期水源调度

在水源丰富的情况下，市淮涟灌区管理处主动与上级主管部门联系，采取续灌及时调度，争取多放水，保证灌溉用水需要；在水源紧张的情况下，按各干渠首闸控制水稻面积比例进行配水。必要时实行轮灌，轮灌时间及流量按当年上报水稻面积配水，根据省防指调度指令及时调整轮灌方案送两县（区）防办。

在遇到严重干旱，水源特别紧张时，水源调度在保证乡村群众生活用水的同时，农业生产用水原则上按农作物面积比例配水，必要时按市抗旱指令执行。

12.4.3 应用效果分析

淮安市淮涟灌区自 2011 年实施水源精准调度方案以来，一是节约了灌区灌溉用水量，以灌区水稻用水量为例，忽略其他非主要要素，从 2011 年应用开始，灌区年均节水 0.5 亿 m³ 以上（见表 12.4-2），而且水源调度方案越精准，灌区节水效益越明显；二是有效缓解了灌区各片区用水矛盾，整个灌区再未出现因灌溉用水导致群众上访极端事件，而且因为用水量减少了，群众水费支出相应减少，社会效益明显；三是转变了灌区管理人员工作思路，提升了管理水平，推进管理工作迈上新台阶。

表 12.4-2 淮涟灌区 2010—2020 年水稻灌溉用水量统计表

年份	2010	2011	2012	2013	2014	2015	2016	2017	2018	2019	2020
水稻面积（万亩）	34.0	34.0	33.9	33.9	35.1	35.1	35.1	34.0	34.0	34.0	34.0
用水量（亿 m³）	2.96	2.40	2.10	2.37	1.59	2.79	2.69	2.27	3.26	2.36	1.61
过境水（亿 m³）						0.51	0.46		1.72		

12.5 本章小结

（1）采用云平台系统架构，以地理信息系统的应用为主要表现技术，以公共通信网络及物联网技术为传输通道，以大型数据库技术为底层数据支撑手段，设计并开发了淮涟灌区信息化管理软件平台，为灌区智慧管理提供了全面的信息化与智能化支持。

（2）针对淮涟灌区现状水源调度存在问题，通过不断探索与经验总结，借助于灌区信息化管理平台，综合运用大数据、物联网、云计算等现代科技手段，研究并提出了"基于物联网实时调控的动态轮灌"水源精准调度模式。

13　主要成果与研究展望

13.1　主要成果

（1）建立了灌区灌溉预报模型。采用调查分析、大田试验与理论分析相结合的方法，开展淮涟灌区水稻需水模型及灌溉预报研究。通过分析冠层温度（T_c）的变化规律以及水稻日需水量（ET）和冠气温差（T_c-T_a）、净太阳辐射量（R_n）、饱和水汽压差（VPD）、冠层温度（T_c）之间的相关关系，构建了 ET 关于 R_n 和 T_c-T_a 之间的线性模型，并通过 Logistic 方程建立叶面积指数（LAI）与栽插天数之间的作物生长模型。并以田间试验为基础，结合农田水量平衡原理模型，从作物需水要素所需的基本信息获取入手，建立了灌区灌溉预报模型，为灌区水源实时调度提供理论依据与决策支持。

（2）制定灌溉用水计划表。采用设计代表年法和水量平衡原理，推算了在不同水文年型（25％、50％、75％、85％和 95％）灌区水稻的灌溉制度；并根据不同水平年（现状 2018 年、近期 2025 年和远期 2035 年）灌区灌溉水利用系数和总干沿线各干渠水稻灌溉面积，在由 3 种水平年、5 种水文年型组合生成的 15 种情景下，分别给出了总干渠沿线各干渠（包括直挂斗渠）水稻不同生长阶段灌溉用水计划表，同时给出了灌区渠系配水计划，为灌区总干水源调度与用水管理提供了依据。

（3）分析了渠首闸设计水位。根据 2001—2017 年水位观测资料，采用水文统计法与水文比拟法，分析了不同水文年型（25％、50％、75％和 95％）情况下淮涟闸下游、一干闸上游、二干闸上游、四干闸上游和三干闸上游的设计水位过程，以及总干渠沿线各干闸上游水位—闸门开度—流量关系曲线，为灌区水源精准调度、总干渠沿线分水闸启闭与自动化控制提供参考。

（4）建立淮涟灌区水源调度信息云平台。以地理信息系统的应用为主要表现技术，以公共通信网络及物联网技术为传输通道，以大型数据库技术为底层数据支撑手段，采用云平台系统架构，设计并开发了淮涟灌区信息化管理云平台，为灌区智慧管理提供了全面的信息化与智能化支持。

（5）淮涟灌区水源精准调度模式。

针对淮涟灌区现状水源调度存在的问题，通过不断探索与总结经验，并综合运用大数据、物联网、云计算等现代科技手段，研究并提出了"基于物联网实时调控的动态轮灌（变流量变历时）"水源精准调度模式。经过多年的实践证明，该模式彻底改变了水源调度粗放管理局面，有效提高了灌区灌溉设计保证率，节水效益显著。

① 确定灌区水源精准调度轮灌方案

借鉴国内很多学者对灌区最优工作制度开展的研究，课题组结合淮涟灌区水源调度存在问题与多年运行经验，对灌区轮灌方案进行了不断探索与总结。根据淮涟灌区水源引水总量，总干渠沿线四条干渠渠首引水量、直挂斗渠引水量和沿程损失水量之和。结合灌区各支渠控制范围内作物灌溉制度、种植面积和灌溉水利用系数等，确定每条干渠渠首引水量。同时，综合考虑总干渠沿线各干渠空间分布及地方各用水片区特殊情况，根据渠首上下游水位、开闸延续时间及闸门开度等，控制渠首引水总量。以 2017 年淮涟灌区水源调度为例，根据淮涟灌区水源精准调度制定灌区轮灌方案（见附件）。

② 提出水源实时调控模式

在具体实践操作中，灌区每条斗渠、支渠或干渠控制的灌溉区域需水量是不断变化的。因此，需要及时收集灌区面上用水信息，在上述轮灌方案的基础上，通过统筹调节各个渠首闸门启闭开度，调度各干渠引用水量，缓解用水矛盾，同时使灌溉水源得到高效利用。综合运用大数据、物联网、云计算等现代科技手段，调试与制定灌区动态轮灌方案，形成基于高科技信息处理的变流量变历时的水源调度方案，实现从优化水源管理思路的灌区可持续发展管理方案。

13.2　研究展望

（1）进一步开展在灌区上游水源（洪泽湖）、下游（灌区）来水频率不同步的多种概率组合情景下，提出满足灌区用水设计保证率情况下的上游供水与下游用水相协调的响应机制，包括上游供水（充足与不足）、下游响应的灌区供水方案与准则；下游用水、上游响应的流域水量调度预案。

（2）在灌区水源水量缺乏、作物非充分灌溉情况下，通过构建基于供水矛盾冲突最小的风险协调模型；或者说，考虑减少供水矛盾冲突，构建多用水户、多条干渠的水量分配风险协调决策模型,进一步开展灌区四条干渠的供水次序与水量调配研究,并提出相应的协调准则或策略,为灌区用水管理提供参考。

(3)大型灌区水源精准调度模式践行新时期"节水优先、空间均衡"的治水理念,为水利工程精细化管理提供了经验做法,可以在水利工程管理等多个领域灵活运用,如区域防汛防旱、水库群联合调度、跨流域调水等水源空间调控领域提供了借鉴或工作思路。当然,在具体应用时要统筹考虑,因地制宜,区别对待,科学分析与决策,制定适宜的水源调度方案,才能取得预期的效果。

淮安市淮涟灌区管理处

淮涟管[2017]13号

关于下发《淮安市淮涟灌区直管涵闸
2017年度轮灌时间表》的通知

涟水县淮涟灌区管理所、淮阴区淮涟灌区水利管理所：

根据今年的水情、工情及水稻播种面积，结合历年轮灌情况，我处制定了《淮安市淮涟灌区直管涵闸2017年度轮灌时间表》。希望你们根据本时间表合理安排各自灌区范围内灌溉计划，并做好宣传解释工作，保证今年水稻等涉水农作物用水正常进行。

附：《淮安市淮涟灌区直管涵闸2017年度轮灌时间表》

淮安市淮涟灌区管理处
2017年6月16日

抄送：淮安市水利局、淮阴区水利局、涟水县水利局及有关乡镇

共印25份

淮安市淮涟灌区直管涵闸 2017 年度轮灌时间表

闸站名称	正常轮灌计划						责任人及联系电话
时间	6.16	6.17	6.18	6.19	6.20	6.21	供水期间
三干闸	7时开	12时关	关	7时开	12时关	关	第一管理站长及电话
一干闸	7时关	13时开	开	7时关	13时开	开	第二管理站长及电话
二干闸	7时关	13时开	开	7时关	13时开	开	第二管理站长及电话
四干闸	7时关	13时开	开	7时关	13时开	开	第二管理站长及电话
古寨退水闸	关	关	关	关	关	关	第一管理站长及电话
杰勋河地涵	开	开	开	开	开	开	第一管理站长及电话
时间	6.22	6.23	6.24	6.25	6.26	6.27	供水期间
三干闸	7时开	12时关	关	7时开	12时关	关	第一管理站长及电话
一干闸	7时关	13时开	开	7时关	13时开	开	第二管理站长及电话
二干闸	7时关	13时开	开	7时关	13时开	开	第二管理站长及电话
四干闸	7时关	13时开	开	7时关	13时开	开	第二管理站长及电话
古寨退水闸	关	关	关	关	关	关	第一管理站长及电话
杰勋河地涵	开	开	开	开	开	开	第一管理站长及电话
时间	6.28	6.29	6.30	7.1	7.2	7.3	供水期间
三干闸	7时开	12时关	关	7时开	12时关	关	第一管理站长及电话
一干闸	7时关	13时开	开	7时关	13时开	开	第二管理站长及电话
二干闸	7时关	13时开	开	7时关	13时开	开	第二管理站长及电话
四干闸	7时关	13时开	开	7时关	13时开	开	第二管理站长及电话
古寨退水闸	关	关	关	关	关	关	第一管理站长及电话
杰勋河地涵	开	开	开	开	开	开	第一管理站长及电话
时间	7.4	7.5	7.6	7.7	7.8	7.9	供水期间
三干闸	7时开	12时关	关	7时开	12时关	关	第一管理站长及电话
一干闸	7时关	13时开	开	7时关	13时开	开	第二管理站长及电话
二干闸	7时关	13时开	开	7时关	13时开	开	第二管理站长及电话
四干闸	7时关	13时开	开	7时关	13时开	开	第二管理站长及电话
古寨退水闸	关	关	关	关	关	关	第一管理站长及电话
杰勋河地涵	开	开	开	开	开	开	第一管理站长及电话

闸站名称	正常轮灌计划						责任人及联系电话
时间	7.10	7.11	7.12	7.13	7.14	7.15	供水期间
三干闸	7时开	12时关	关	7时关	12时关	关	第一管理站长及电话
一干闸	7时关	13时开	开	7时关	13时开	开	第二管理站长及电话
二干闸	7时关	13时开	开	7时关	13时开	开	第二管理站长及电话
四干闸	7时关	13时开	开	7时关	13时开	开	第二管理站长及电话
古寨退水闸	关	关	关	关	关	关	第一管理站长及电话
杰勋河地涵	开	开	开	开	开	开	第一管理站长及电话
时间	7.16	7.17	7.18	7.19	7.20	7.21	供水期间
三干闸	7时开	12时关	关	7时开	12时关	关	第一管理站长及电话
一干闸	7时关	13时开	开	7时关	13时开	开	第二管理站长及电话
二干闸	7时关	13时开	开	7时关	13时开	开	第二管理站长及电话
四干闸	7时关	13时开	开	7时关	13时开	开	第二管理站长及电话
古寨退水闸	关	关	关	关	关	关	第一管理站长及电话
杰勋河地涵	开	开	开	开	开	开	第一管理站长及电话
时间	7.22	7.23	7.24	7.25	7.26	7.27	供水期间
三干闸	7时开	12时关	关	7时开	12时关	关	第一管理站长及电话
一干闸	7时关	13时开	开	7时关	13时开	开	第二管理站长及电话
二干闸	7时关	13时开	开	7时关	13时开	开	第二管理站长及电话
四干闸	7时关	13时开	开	7时关	13时开	开	第二管理站长及电话
古寨退水闸	关	关	关	关	关	关	第一管理站长及电话
杰勋河地涵	开	开	开	开	开	开	第一管理站长及电话
时间	7.28	7.29	7.30	7.31	8.1	8.2	供水期间
三干闸	7时开	12时关	关	7时开	12时关	关	第一管理站长及电话
一干闸	7时关	13时开	开	7时关	13时开	开	第二管理站长及电话
二干闸	7时关	13时开	开	7时关	13时开	开	第二管理站长及电话
四干闸	7时关	13时开	开	7时关	13时开	开	第二管理站长及电话
古寨退水闸	关	关	关	关	关	关	第一管理站长及电话
杰勋河地涵	开	开	开	开	开	开	第一管理站长及电话

闸站名称	正常轮灌计划						责任人及联系电话
时间	8.3	8.4	8.5	8.6	8.7	8.8	供水期间
三干闸	7时开	12时关	关	7时开	12时关	关	第一管理站长及电话
一干闸	7时关	13时开	开	7时关	13时开	开	第二管理站长及电话
二干闸	7时关	13时开	开	7时关	13时开	开	第二管理站长及电话
四干闸	7时关	13时开	开	7时关	13时开	开	第二管理站长及电话
古寨退水闸	关	关	关	关	关	关	第一管理站长及电话
杰勋河地涵	开	开	开	开	开	开	第一管理站长及电话
时间	8.9	8.10	8.11	8.12	8.13	8.14	供水期间
三干闸	7时开	12时关	关	7时开	12时关	关	第一管理站长及电话
一干闸	7时关	13时开	开	7时关	13时开	开	第二管理站长及电话
二干闸	7时关	13时开	开	7时关	13时开	开	第二管理站长及电话
四干闸	7时关	13时开	开	7时关	13时开	开	第二管理站长及电话
古寨退水闸	关	关	关	关	关	关	第一管理站长及电话
杰勋河地涵	开	开	开	开	开	开	第一管理站长及电话
时间	8.15	8.16	8.17	8.18	8.19	8.20	供水期间
三干闸	7时开	12时关	关	7时开	12时关	关	第一管理站长及电话
一干闸	7时关	13时开	开	7时关	13时开	开	第二管理站长及电话
二干闸	7时关	13时开	开	7时关	13时开	开	第二管理站长及电话
四干闸	7时关	13时开	开	7时关	13时开	开	第二管理站长及电话
古寨退水闸	关	关	关	关	关	关	第一管理站长及电话
杰勋河地涵	开	开	开	开	开	开	第一管理站长及电话
时间	8.21	8.22	8.23	8.24	8.25	8.26	供水期间
三干闸	7时开	12时关	关	7时开	12时关	关	第一管理站长及电话
一干闸	7时关	13时开	开	7时关	13时开	开	第二管理站长及电话
二干闸	7时关	13时开	开	7时关	13时开	开	第二管理站长及电话
四干闸	7时关	13时开	开	7时关	13时开	开	第二管理站长及电话
古寨退水闸	关	关	关	关	关	关	第一管理站长及电话
杰勋河地涵	开	开	开	开	开	开	第一管理站长及电话

闸站名称	正常轮灌计划						责任人及联系电话
时间	8.27	8.28	8.29	8.30	8.31	9.1	供水期间
三干闸	7时开	12时关	关	7时开	12时关	关	第一管理站长及电话
一干闸	7时关	13时开	开	7时关	13时开	开	第二管理站长及电话
二干闸	7时关	13时开	开	7时关	13时开	开	第二管理站长及电话
四干闸	7时关	13时开	开	7时关	13时开	开	第二管理站长及电话
古寨退水闸	关	关	关	关	关	关	第一管理站长及电话
杰勋河地涵	开	开	开	开	开	开	第一管理站长及电话
时间	9.2	9.3	9.4	9.5	9.6	9.7	供水期间
三干闸	7时开	12时关	关	7时开	12时关	关	第一管理站长及电话
一干闸	7时关	13时开	开	7时关	13时开	开	第二管理站长及电话
二干闸	7时关	13时开	开	7时关	13时开	开	第二管理站长及电话
四干闸	7时关	13时开	开	7时关	13时开	开	第二管理站长及电话
古寨退水闸	关	关	关	关	关	关	第一管理站长及电话
杰勋河地涵	开	开	开	开	开	开	第一管理站长及电话
时间	9.8	9.9	9.10	9.11	9.12	9.13	供水期间
三干闸	7时开	12时关	关	7时开	12时关	关	第一管理站长及电话
一干闸	7时关	13时开	开	7时关	13时开	开	第二管理站长及电话
二干闸	7时关	13时开	开	7时关	13时开	开	第二管理站长及电话
四干闸	7时关	13时开	开	7时关	13时开	开	第二管理站长及电话
古寨退水闸	关	关	关	关	关	关	第一管理站长及电话
杰勋河地涵	开	开	开	开	开	开	第一管理站长及电话
时间	9.14	9.15	9.16	9.17	9.18	9.19	供水期间
三干闸	7时开	12时关	关	7时开	12时关	关	第一管理站长及电话
一干闸	7时关	13时开	开	7时关	13时开	开	第二管理站长及电话
二干闸	7时关	13时开	开	7时关	13时开	开	第二管理站长及电话
四干闸	7时关	13时开	开	7时关	13时开	开	第二管理站长及电话
古寨退水闸	关	关	关	关	关	关	第一管理站长及电话
杰勋河地涵	开	开	开	开	开	开	第一管理站长及电话

闸站名称	正常轮灌计划						责任人及联系电话
时间	9.20	9.21	9.22	9.23	9.24	9.25	供水期间
三干闸	7时开	12时关	关	7时开	12时关	关	第一管理站长及电话
一干闸	7时关	13时开	开	7时关	13时开	开	第二管理站长及电话
二干闸	7时关	13时开	开	7时关	13时开	开	第二管理站长及电话
四干闸	7时关	13时开	开	7时关	13时开	开	第二管理站长及电话
古寨退水闸	关	关	关	关	关	关	第一管理站长及电话
杰勋河地涵	开	开	开	开	开	开	第一管理站长及电话
时间	9.26	9.27	9.28	9.29	9.30		供水期间
三干闸	7时开	12时关	关	7时开	12时关		第一管理站长及电话
一干闸	7时关	13时开	开	7时关	13时开		第二管理站长及电话
二干闸	7时关	13时开	开	7时关	13时开		第二管理站长及电话
四干闸	7时关	13时开	开	7时关	13时开		第二管理站长及电话
古寨退水闸	关	关	关	关			第一管理站长及电话
杰勋河地涵	开	开	开	开	开		第一管理站长及电话

备注：1. 本表执行时间为 2017 年 6 月 16 日 7 时至 2017 年 9 月 30 日 24 时。

2. 本轮灌计划根据水情、农情及水稻栽插需要进行调控，责任人在开关闸时，可根据情况有 10 cm 以内闸门开启高度控制权。请各灌区根据本计划及灌区自身情况制定用水方案，合理调配水源，实时解决农民灌溉用水。

3. 市级灌区管理处所有管理责任人按计划执行，遇特殊情况需上报管理处，经领导同意后方可调整，其他任何单位和个人不得干预。

4. 市级管理单位负责干渠水源调度，协助县区协调用水矛盾，承担相应责任；县区级管理单位负责各自区域范围内水源调度及矛盾协调，承担相应责任。

5. 本表由淮安市淮涟灌区管理处负责解释。

市级灌区管理单位服务监督电话：0517－83763298

淮阴区灌区管理单位服务监督电话：0517－84285110

涟水县灌区管理单位服务监督电话：0517－82340815

结　语

　　水是生命之源、生产之要、生态之基。兴水利、除水害事关人类生存、经济发展、社会进步，历来是治国安邦的大事。为了促进经济长期平稳较快发展和社会和谐稳定，夺取全面建成小康社会新胜利，必须下决心加快水利发展，切实提高水利支撑保障能力，实现水资源可持续发展与利用。

　　人多水少、水资源时空分布不均是我国的基本国情水情。水资源供需矛盾仍然是可持续发展的主要瓶颈，农田水利建设滞后是影响农业稳定发展和国家粮食安全的重要因素，水利设施薄弱已成为国家基础设施的明显短板。随着工业化、城镇化深入发展，全球气候变化影响加大，我国水利面临的形势更趋严峻，增强防灾减灾能力要求越来越迫切，强化水资源节约保护工作越来越重要，加快扭转农业主要靠天吃饭局面的任务越来越艰巨。加快水利改革发展不仅事关农业农村发展，而且事关经济社会发展全局；不仅关系到防洪安全、供水安全、粮食安全，而且关系到经济安全、生态安全、国家安全。要把水利工作放到党和国家事业发展更加突出的位置，着力于加快农田水利建设，推动水利实现跨越式发展。因此，必须树立灌区可持续发展理念，提高农田水利建设水平，加强水资源管理和灌区节水研究，促进我国经济和社会可持续发展。

参考文献

［1］李亚林.小型农田水利工程建设管理问题及对策［J］.财经界,2020(25):50-51.

［2］金艳丽.刍议农田水利节水灌溉工程的建设与管理［J］.现代农村科技,2020(07):55-56.

［3］邓凯.小型农田水利工程的现状与治理措施的分析与研究［J］.价值工程,2020,39(20):27-28.

［4］陈成林.农田水利工程灌溉规划设计［J］.冶金管理,2020(13):97-98.

［5］李龙.农田水利管理体制改革困境探思［J］.四川水泥,2020(07):213＋215.

［6］王苏,陈丹,周蔚,徐瑶,陈菁.基于水管理创新理论的灌区水管理评价分析［J］.农业与技术,2020,40(13):10-13.

［7］纪宗国.农田水利工程施工技术难点和质量控制［J］.农机使用与维修,2020(07):144.

［8］韩晓.信息化灌区管理中信息数据的整合研究［J］.科技经济导刊,2020,28(19):49.

［9］张宝生.农田水利灌溉工程规划设计问题与优化方式探索［J］.科技经济导刊,2020,28(19):74.

［10］李明刚.农田水利灌溉工程管理的要点分析［J］.山西农经,2020(12):79＋81.

［11］刘春旸,李林娟.农田水利工程中渠道防渗施工技术运用分析［J］.山西农经,2020(12):146-147.

［12］张培松.节水灌溉技术在农田水利工程中的应用［J］.珠江水运,2020(12):101-102.

［13］朱卫东.农田水利基础设施建设存在的问题与对策［J］.农业科技与信息,2020(12):84-85.

[14] 王晓娟.浅谈农田水利灌溉工程规划设计与灌溉技术[J].农业科技与信息,2020(12):88-89.

[15] 程普.灌区水利工程管理存在的问题及对策探究[J].农业科技与信息,2020(12):112-113.

[16] 王琼.灌区节水改造的施工管理分析[J].工程建设与设计,2020(12):224-225.

[17] 赵扬扬,郭进飞.灌区水利工程管理养护存在的问题及对策[J].农村经济与科技,2020,31(12):38-39.

[18] 王丰春.小型农田水利工程运行管理存在的问题及对策[J].农村经济与科技,2020,31(12):44-45.

[19] 王飞.浅谈小型农田水利工程施工质量控制措施[J].科技风,2020(18):203.

[20] 冉三海.基层农田水利的水土保持工作分析[J].乡村科技,2020(17):123-124.

[21] 罗瑛娥.农田水利节水灌溉建设与管理实践思考[J].建材与装饰,2020(17):295-296.

[22] 李瑞英.灌区水利工程管理方法及堤防技术探究[J].工程建设与设计,2020(11):158-159+164.

[23] 马晓萍.加强农田水利建设与管理提升粮食生产保障能力探究[J].建材与装饰,2020(16):114+116.

[24] 朱卫东.关于农田水利建设的几点思考[J].甘肃农业,2020(05):113-114.

[25] 郭力铭.论新型农田水利工程灌溉智能系统[J].农家参谋,2020(17):206.

[26] 徐文炳.农田水利工程规划设计的问题及策略分析[J].科学技术创新,2020(14):150-151.

[27] Sajjad Ahmad,Regan Murray. The History and Challenges of Wastewater Reuse in Delaware and Maryland[M]. 2020-05-14.

[28] Sajjad Ahmad, Regan Murray. Hydropower Plants Located at Grande River Basin in Brazil: Critical Analysis of Demands for Electric Energy versus Consumptive Uses of Water[M]. 2020-05-14.

[29] 段玮.农田水利工程建设现状与发展思考[J].山西农经,2020(08):146+148.

[30] 潘春雷.水库灌区灌溉管理研究[J].黑龙江科学,2020,11(08):98-99.

［31］张晨.农田水利工程建设的现状与对策分析［J］.农家参谋,2020(08):174.

［32］管悦,娄洋.小型农田水利工程建设和管理问题解析［J］.科技风,2020 (11):192.

［33］宋昌林.小型农田水利工程建设管理措施探析［J］.山西农经,2020(06): 144-145.

［34］吴莉莉.浅谈水利工程建设管理的思考［J］.水利技术监督,2020(02):88- 89+117.

［35］张廷霞,魏生全.农田水利建设与管理存在的问题及解决对策［J］.农业科 技与信息,2020(05):119-120.

［36］张艳霞.浅谈农田水利工程建设管理中存在的问题及改善措施［J］.居舍, 2020(02):153.

［37］金鹏宇.农田水利节水灌溉工程建设管理中存在的问题及对策［J］.农家参 谋,2020(02):2.

［38］鲍钰.小型农田水利装配式渠道与渡槽研究［D］.扬州:扬州大学,2020.

［39］邵江晶.东川区小型农田水利工程建后管护问题调研报告［D］.昆明:昆明 理工大学,2019.

［40］Clive Bell. Tales of Peasants,Traders and Officials:Contracting in Rural Andhra Pradesh,1980-82［M］. The World Bank:2020-06-26.

［41］李印朵.生态农业经济的可持续发展路径选择［J］.中国集体经济,2020 (34):31-32.

［42］吴秋菊.农田水利的治理 困境与出路［M］.武汉:华中科技大学出版社,2017.

［43］姚姗姗.基层水管单位岗位培训教材［M］.太原:山西经济出版社,2017.

［44］刘拴明,等.农田水利工程建设与管理［M］.郑州:黄河水利出版社,2001.

［45］王丽学,侯锗,黄延贺,等.水利工程管理［M］.哈尔滨:东北林业大学出版 社,2007.

［46］水利部农村水利司.灌溉管理手册［M］.北京:水利电力出版社,1994.

［47］王军,李和平,鹿海员.基于遥感技术的区域蒸散发计算方法综述［J］.节水 灌溉,2016(08):195-199.

［48］黄慧雯,程吉林,王明东,等.南方大型灌区水稻田灌溉制度实时优化方法 研究［J］.灌溉排水学报,2019,38(S1):51-56.

［49］魏强,张吴平,吴亚楠,等.基于SEBAL模型的小麦水分生产率研究［J］. 灌溉排水学报,2017,36(07):38-46.

［50］ Preet Pratima, N. Sharma and D. P. Sharma. Canopy temperature and water relations of kiwifruit cultivar Allison in response to deficit irrigation and in situ moisture conservation［J］. Current Science, 2016, 111 (02): 375-379.

［51］彭世彰,徐俊增,丁加丽,等.节水灌溉条件下水稻叶气温差变化规 律与水分亏缺诊断试验研究［J］.水利学报,2006(12):1503-1508.

［52］白岩,朱高峰,张琨,等.敦煌葡萄液流特征及耗水分析［J］.中国沙漠, 2015,35(01):175-181.

［53］张立伟,张智郡,刘海军,等.基于冠层温度的玉米缺水诊断研究［J］.干旱 地区农业研究,2017,35(03):94-98.

［54］蔡焕杰,熊运章,邵明安.计算农田蒸散量的冠层温度法研究［J］.中国科学 院水利部西北水土保持研究所集刊(SPAC中水分运行与模拟研究专集), 1991(01):57-65.

［55］黄凌旭,蔡甲冰,白亮亮,等.利用作物冠气温差估算农田蒸散量［J］.中国 农村水利水电,2016(08):76-82.

［56］彭记永,杨光仙.夏玉米蒸散优化参数模型及参数敏感性分析［J］.干旱地 区农业研究,2018,36(02):55-62.

［57］赵扬搏,仝道斌,王景才,等.基于冠层温度的水稻关键生育期缺水 诊断 ［J］.排灌机械工程学报,2018,36(10):931-936.

［58］ James R. Mahan, John J. Burke. Active management of plant canopy temperature as a tool for modifying plant metabolic activity［J］. American Journal of Plant Sciences, 2015, 6(01): 249-259.

［59］王军,李和平,鹿海员,等.基于地表温度和叶面积指数的干湿限研究及区 域蒸散发估算［J］.干旱区研究,2019,36(02):395-402.

［60］曹勇,张建丰,李涛,等.不同控光条件对春玉米耗水规律的影响［J］.灌溉 排水学报,2018,37(12):10-18.

［61］李丽,申双和,李永秀,等.不同水分处理下冬小麦冠层温度、叶片水势和水分利 用效率的变化及相关关系［J］.干旱地区农业研究,2012,30(02):68-72＋106.

［62］魏征,刘钰,许迪,等.基于叶气温差的生育中期冬小麦水分亏缺诊断研究 ［J］.灌溉排水学报,2016,35(09):8-12.

［63］闫苗祥,杨军耀.郑州市作物需水量影响因素主成分回归分析［J］.节水灌 溉,2014(07):22-24.

[64] R. D. Jackson ,R. J. Reginato. S. B. Idso. Wheat canopy temperature：a practical tool for evaluating water require[J]. Water Resources Research，1977,13(3)：651-656.

[65] 张智韬,边江,韩文霆,等.无人机热红外图像计算冠层温度特征数诊断棉花水分胁迫[J].农业工程学报,2018,34(15)：77-84.

[66] 周官松.里石门灌区节水灌溉制度及用水计划研究[J].科技与企业,2014(06)：161.

[67] 刘军平.浅谈灌区灌溉用水计划的编制与执行[J].内蒙古水利,2014(01)：121-122.

[68] 晏得勋.引大灌区用水计划编制的思考[J].农业科技与信息,2018(03)：98-99.

[69] 朱建英,宋玉.江苏省淮北地区 2000 年抗旱水源调度[J]. 防汛与抗旱,2000(04)：10-12.

[70] 陶长生,宋玉,陶娜麒.苏北运河的水源调度探索与实践[J]. 中国防汛抗旱, 2015,25(02)：69-73.

[71] 刘永,缴锡云,程明瀚,等.基于 DEM 与 Logistic 函数的灌区渠系工作制度模拟——以周桥灌区为例[J]. 灌溉排水学报,2020,39(09)：101-107.

[72] 陈晓燕,陈振军,张厚芹,等.基于灌溉预报的邢家渡灌区灌溉制度数值模拟研究[J].中国水利, 2019(15)：45-47.

[73] 徐烈辉,牟汉书,王景才,周明耀.基于冠气温差的淮北地区水稻日需水量估算模型研究[J].灌溉排水学报,2020,39(03)：119-125.

[74] 郭旭宁,胡铁松,方洪斌,等.水库群联合供水调度规则形式研究进展[J].水力发电学报,2015,34(01)：23-28.

[75] 匡成荣,沈波,洪宝鑫,等. 稻田土壤水分与浅层地下水埋深关系的研究[J]. 中国农村水利水电,2001(05)：22-23.

[76] 尚松浩,雷志栋,杨诗秀.冬小麦田间墒情预报的经验模型[J].农业工程学报,2000, 16 (5)：31-33.

[77] 王信理. 在作物干物质积累的动态模拟中如何合理运用 Logistic 方程[J].农业气象,1986(01)：14-19.

[78] 李远华,张明炷,苑文昌,等. 非充分灌溉条件旱作物需水量分析计算研究[J].武汉大学学报(工学版),1994(05)：506-512.

[79] 康绍忠. 土壤水分动态的随机模拟研究[J]. 土壤学报,1990(01)：17-24.